特色农产品质量安全管控"一品一策"丛书

笼养蛋鸡标准化养殖质量安全风险管理

吉小凤　张　存　主编

丁向英　杨　华　张大文　副主编

U0257282

中国农业出版社

农村读物出版社

北　京

图书在版编目（CIP）数据

笼养蛋鸡标准化养殖质量安全风险管理／吉小凤，
张存主编；丁向英，杨华，张大文副主编 . —北京：
中国农业出版社，2023.4
（特色农产品质量安全管控"一品一策"丛书）
ISBN 978-7-109-30581-6

Ⅰ.①笼…　Ⅱ.①吉…　②张…　③丁…　④杨…　⑤张
…　Ⅲ.①卵用鸡－饲养管理－标准化管理－质量管理－安
全管理－风险管理　Ⅳ.①S831.4

中国国家版本馆 CIP 数据核字（2023）第 060610 号

中国农业出版社出版
地址：北京市朝阳区麦子店街 18 号楼
邮编：100125
责任编辑：神翠翠
版式设计：杨　婧　　责任校对：刘丽香
印刷：中农印务有限公司
版次：2023 年 4 月第 1 版
印次：2023 年 4 月北京第 1 次印刷
发行：新华书店北京发行所
开本：880mm×1230mm　1/32
印张：4.5　　插页：8
字数：105 千字
定价：32.80 元

笼养蛋鸡标准化养殖质量安全风险管理

编写人员

主　编　吉小凤　浙江省农业科学院
　　　　张　存　浙江省农业科学院
副主编　丁向英　江山市养殖业发展服务中心
　　　　杨　华　浙江省农业科学院
　　　　张大文　江西省农业科学院农产品质量安全与标准
　　　　　　　　研究所
参　编　浙江省农业科学院（按姓氏笔画排序）
　　　　马剑刚　王小骊　邓　涛　吕文涛
　　　　李　锐　肖兴宁　肖英平　吴俐勤
　　　　汪　雯　汪建妹　陈　渠　贺烨宇
　　　　唐　标
　　　　江山市农业农村局（按姓氏笔画排序）
　　　　毛小东　叶方伟　刘　丹
　　　　江山市养殖业发展服务中心（按姓氏笔画排序）
　　　　王　锦　毛荣华　毛海玲　余　蕴
　　　　周　展　柴素洁
　　　　建德市农业农村局
　　　　余红伟

安吉县农业农村局（按姓氏笔画排序）

　　张耀耀　黄　平

开化县农业农村局

　　金　婷

浙江大夫第现代农业有限公司

　　蔡顺旺

安吉福寿农业开发有限公司

　　杨维军

新昌县养殖业技术推广中心

　　唐红英

建德市下涯镇事业综合服务中心

　　蒋钰霞

　　我国蛋鸡产业不断发展壮大，取得了举世瞩目的历史性成就，鸡蛋产量连续多年位居世界第一位，已经成为蛋鸡饲养量和鸡蛋消费量最大的国家。但在蛋鸡产业快速发展的同时，尚存在资源环境约束与可持续发展的矛盾、养殖成本上升与提质增效的矛盾、鸡蛋价格波动与农民增收的矛盾、养殖规模化和标准化水平低与养殖水平提升的矛盾，以及生物安全屏障与病原复杂、疫情防控形势严峻等诸多挑战。2017年中央1号文件把推进农业供给侧结构性改革作为重点，加速推进畜牧业实现传统养殖向现代养殖转变，农户分散养殖向规模养殖转变。蛋鸡标准化养殖是现代畜牧业发展的必由之路，规范蛋鸡养殖技术，有利于增强蛋鸡产业综合生产能力，保障鸡蛋产品供给安全；有利于提高生产效率和生产水平，增加农民收入；有利于从源头对鸡蛋产品质量进行控制，提升鸡蛋产品质量安全水平；有利于提升蛋鸡疫病防控能力，降低疫病的发生风险，确保鸡群健康。

　　近年来，浙江省农业农村厅、浙江省财政厅联合开展了农业标准化生产示范创建（"一县一品一策"）行动。

该行动立足蛋鸡养殖生产、鸡蛋收贮运全产业链，通过深入调研、排查、评估、科学分析鸡蛋生产过程中质量安全风险隐患关键点，针对性开展关键技术研究，集成蛋鸡全产业链风险管控技术，提出针对性管控策略。为更好地总结"一县一品一策"技术成果，并对相关技术开展广泛的推广及应用，因而编写《笼养蛋鸡标准化养殖质量安全风险管理》一书。本书紧扣当前生产实际，注重科学性、系统性、实用性和先进性，重点突出，通俗易懂，不仅适合蛋鸡饲养技术人员、蛋鸡场管理人员及各地市农产品质量安全监管人员阅读，而且可以作为大专院校教学、农民培训的辅助教材和参考书。

　　由于编者水平有限，书中不当之处在所难免，恳请读者不吝赐教。

编　者

目录
CONTENTS

第一章 蛋鸡产业

一、全球蛋鸡产业发展现状

从全球范围来看，鸡蛋产量呈现缓慢增长的态势，2021年全球鸡蛋产量 8 806 万 t，占禽蛋总产量的 92.6%，其他禽蛋产量仅 704 万 t。全球蛋鸡存栏大约 38.5 亿只：亚洲约占 60%，美洲约占 20%，欧洲、非洲、大洋洲分别约占 15%、4.5% 和 0.5%。全球排名前十位的鸡蛋生产国为中国、美国、印度、印度尼西亚、巴西、墨西哥、日本、俄罗斯、土耳其、阿根廷。全球 90% 左右的蛋鸡为传统笼养，10% 为福利化养殖。目前，西方发达国家蛋鸡产业的集中度和品牌化程度高，深加工能力强，其产业发展已经由注重鸡蛋产品质量向保障蛋鸡福利方面转变。

从全球鸡蛋消费量来看，全球鸡蛋的消费量为 6 750 万 t，其中，中国的鸡蛋消费量为 2 400 万 t。从全球鸡蛋自给率来看，美国为 105%，生产量高于本国需求量；中国自给率为 100%，基本可以实现自给自足；英国、澳大利亚、德国的鸡蛋自给率较低；瑞士自给率最低，生产量不足需求量的 10%。从鸡蛋出口方面来看，土耳其、美国为主要鸡蛋出口国，中国排名第四；从鸡蛋进口方面来看，意大利、墨西哥、俄罗斯为主要鸡蛋进口国。

二、我国蛋鸡产业发展现状

中国是鸡蛋生产和消费大国，从鸡蛋生产情况来看，自1985 年始，中国鸡蛋产量达到全球产量的 14.5%，超过美国成为世界第一，产量第一持续至今。2020 年中国鸡蛋产量达 1 895.65 万 t，较 2019 年增加了 24.48 万 t，同比增长 1.31%。

从蛋鸡育种来看，我国起步较晚，国产蛋鸡生产性能相对落后，一直以来，蛋种鸡高度依赖国外引进，海兰、罗曼等是我国最主要的蛋鸡进口品种。但随着国内蛋种鸡育种技术的进步，近几年国产品种更新量占祖代蛋种鸡年更新量的比例呈增加趋势。当前我国的蛋鸡品种和 11 家主要祖代种鸡场见表 1。

表 1　主要蛋鸡祖代种鸡场及饲养品种

序号	蛋鸡祖代种鸡场	饲养品种
1	北京市华都峪口禽业有限责任公司	京红 1 号、京粉 1 号、京粉 2 号、京白 1 号、京粉 6 号
2	北京中农榜样蛋鸡育种有限责任公司	农大 3 号、农大 5 号
3	上海家禽育种有限公司	新杨黑配套系
4	河北省大午农牧集团种禽有限公司	大午粉 1 号、大午金凤、京白 939
5	北京农效种禽繁育有限公司	罗曼褐、罗曼灰
6	华裕农业科技有限公司	海兰褐、海兰灰、罗曼灰

（续）

序号	蛋鸡祖代种鸡场	饲养品种
7	宁夏晓鸣农牧股份有限公司	海兰白、海兰褐
8	沈阳辉山华美畜禽有限公司	海兰褐
9	四川圣瑞达禽业有限公司	罗曼粉
10	正大禽业（河南）有限公司	罗曼褐
11	河南今明家禽育种中心	巴布考克B-380

从蛋鸡养殖区域来看，我国蛋鸡养殖主要集中在河南、山东、河北、辽宁、江苏、四川、湖北、安徽、黑龙江、吉林等地，占全国养殖总量的78%。目前，江西、陕西、四川、内蒙古、云南、贵州逐步发展为新的养殖区域。

从蛋鸡产业结构来看，规模化程度快速提升，1万～5万羽规模主体占比越来越高，5万～20万羽规模主体也在快速发展，百万羽规模蛋鸡企业已有50家以上。根据2019年的统计，我国蛋鸡养殖规模结构如表2。

表2　养殖规模分类及比例

养殖规模分类	养殖主体比例
5 000 羽以下	37.5%
5 000～1 万羽	37.3%
1 万～5 万羽	23.3%
5 万～20 万羽	1.6%
20 万羽以上	0.3%

从蛋鸡品种结构来看，按蛋壳颜色可分为褐壳蛋系、粉壳蛋系、绿壳蛋系、白壳蛋系等。近些年，随着消费需求的变化，蛋鸡品种的选择形成以褐壳蛋系居主导，粉壳蛋系、绿壳蛋系、白壳蛋系占比快速上升的发展态势。目前，褐壳蛋系、

粉壳蛋系、绿壳蛋系、白壳蛋系市场占比分别为 62.2%、32.8%、2.7%、2.4%。

从我国鸡蛋消费现状来看，鸡蛋供需缺口最大的是广东省，每年流入量约为 162 万 t，其次为上海（约 75 万 t）、浙江（约 64 万 t）、北京（约 51 万 t）。

三、我国蛋鸡产业发展新形势

从我国国情出发，蛋鸡产业发展日趋规模化、机械化、智能化、标准化、品牌化等，消费者对蛋品的需求日益多样化，但蛋鸡产业发展过程中也存在新的挑战和机遇。

鸡蛋生产成本不断攀高。近年来，蛋鸡饲料价格不断上涨，以饲料玉米为例，当前价格同比涨幅接近 30%，直接导致养殖户的饲养成本变高。自 2020 年以来，国内外新型冠状病毒肺炎疫情的暴发对农业生产造成一定影响，尤其养殖业受损严重。因蛋鸡产业链长、分支多，新型冠状病毒肺炎疫情对蛋鸡饲料运输、鲜蛋运输、补苗等生产活动产生严重影响，进一步抬升鸡蛋生产成本。

蛋鸡用药品种选择越来越窄。抗生素过度使用导致的细菌耐药性问题日趋严峻。近年来，国家对于滥用抗生素问题非常重视，农业农村部开展了全国兽用抗菌药使用减量化试点行动，要求除中成药以外的促生长类药物饲料添加剂强制退出市场。此外，国家对农产品、食品质量安全的监管力度不断加大，蛋鸡产蛋期药物使用成为监管重点。

蛋鸡产业市场竞争日趋激烈。从全国来看，北京德青源农业科技股份有限公司、北京正大蛋业有限公司、四川圣迪乐村生态食品股份有限公司、四川凤集生态农业发展有限公司等大型规模化蛋鸡企业建立了花园式工厂,生产链各个环节均采用标准化管控,品牌化产品得到市场认可,分别在京津冀、珠三角、长三角三大经济圈的河北、广东、浙江设立蛋品分级中心,能够快速将产品送达全国各地消费者手中。综合来看,我国蛋鸡养殖市场竞争正从区域规模优势向头部型企业优势转变,给中小规模蛋鸡养殖主体带来严峻挑战。

鸡蛋消费需求多样化。随着经济发展,消费者对安全、优质农产品的需求日益增加。不同区域消费者的消费需求也在不断发生变化,如对某些鸡蛋品种的偏爱。消费方式也发生变化,线上消费逐渐被普通大众所接受,而品牌已经成为消费者在进行鸡蛋采购时的重要参考因素。

影响鸡蛋产品质量安全的因素和环节较多，包括设备条件、场区内外环境、鸡群健康、疫病、饲料及饮水等生产环节，鸡蛋分级与消毒及包装等初加工环节，以及收购、贮存和运输环节等。任何一个环节控制不到位，都有可能出现鸡蛋产品不合格的问题。

一、设施设备条件

鸡场的设施设备条件不仅影响到产蛋性能，还影响到蛋品质量安全。自动化蛋鸡饲养设施和设备全部采用程序控制，如温控系统、饲喂系统、清粪系统、集蛋系统等，能够创造出满足鸡的健康生长和生产需要的适宜条件，减少了疫病的发生和药物使用，从而保证蛋品的安全。

1. 温控设备

环境温度对于鸡群物质代谢和生产性能都有很大影响，蛋鸡的适宜温度为 18～25℃。较高温度下（约 25℃以上），蛋重开始降低；27℃时产蛋数、蛋重、总蛋重降低，蛋壳厚度降低，同时死亡率增加；37.5℃时产蛋量急剧下降；43℃

以上超过 3 h，鸡就会死亡。相对来说，冷应激对产蛋鸡影响较小，成年鸡可以抵抗 0℃ 以下的低温，但是饲料利用率低。

湿帘风机降温系统的主要作用是在夏季使空气通过湿垫进入鸡舍，可以降低进入鸡舍空气的温度，起到降温的效果。供暖系统（北方）主要由热风炉、鼓风机、有孔管道和调节风门等设备组成，以空气为介质，以煤为燃料，为空间提供无污染的洁净热空气，用于鸡舍的加温。

2. 通风系统

鸡舍空气质量的控制，通过通风换气减少鸡舍内大量有害气体如氨气、硫化氢、二氧化碳、甲烷等的蓄积，补充氧气并保持适宜温度，使鸡舍内的空气得到良好流通。

3. 光照设备

光控器能够按时开灯和关灯，以满足养殖过程中不同时期对于光照的需求，育雏期、育成期、产蛋期光照时间不同。育雏期光照的作用主要是使它们能够熟悉周围环境，进行正常的饮水和采食。育成期通过光照合理控制鸡的性成熟时间，光照减少，延迟性成熟，使鸡的体重在性成熟时达标，提高产蛋潜力；增加光照，缩短性成熟时间，使鸡适时性成熟。产蛋期增加光照并维持相当长度的光照时间（15 h 以上），可促使母鸡正常排卵和产蛋，并且使母鸡获得足够的采食、饮水、社交和休息时间，提高生产效率。

4. 喂料设备

喂料耗用的劳动量较大，因此规模化鸡场需要机械喂料系统以提高劳动效率。机械喂料设备包括储料塔、输料机、喂料机和料槽四个部分。

5. 饮水系统

蛋鸡场饮水的卫生问题也是影响鸡蛋质量安全的一个重要因素，许多养殖场操作过程中，忽略饮水线的清洗，由于水箱内的水流动缓慢，且日常清洗不够，供水管内壁容易受到微生物的污染，给鸡蛋的质量安全带来隐患。

6. 清粪系统

机械清粪常用设备有刮板式清粪机和带式清粪机。刮板式清粪机多用于阶梯式笼养和网上平养，带式清粪机多用于叠层式笼养。

二、场区内外环境

场区内的鸡粪和污水、臭气，饲料粉尘，以及鸡体表面皮屑等，会造成鸡舍内的空气污浊，从而影响鸡蛋的质量安全。鸡舍内外的蚊蝇、鼠和野鸟等媒介生物，可以携带病原体传播疾病，从而危害鸡群健康。场区外环境对鸡蛋的安全生产也有一定影响，比如工业"三废"的不合理排放和农药的滥用，都会引起大气、水体、土壤及动植物的污染，造成鸡蛋产品质量的不安全。

三、鸡群健康

鸡群健康是生产安全鸡蛋的前提条件。患病鸡群，可能产出沙壳蛋、软壳蛋、畸形蛋等劣质鸡蛋，或者产蛋过程中，细菌或病毒可能会垂直传播到鸡蛋中，导致鸡蛋质量安全问题的发生。

四、疫病

蛋鸡疫病是影响蛋鸡产业发展的重要因素之一，尤其是近年来高致病性禽流感的发生、鸡安卡拉病等新疫病的传入和禽流感病毒等病原的持续变异，严重威胁蛋鸡产业的发展和公共卫生安全。

五、饲料及饮水

饲料对鸡蛋的组成成分、蛋壳品质、蛋黄颜色、蛋的味道影响较大，对鸡蛋中一些微量成分，如维生素和微量元素的影响尤其明显。保持饲料的新鲜度并且定期（1～2周）清空储料塔，减少饲料变质和发霉现象。饮水的洁净度及饮水量对蛋鸡的产蛋量、蛋重、蛋白含量等影响很大。

六、兽药及饲料添加剂

兽药和饲料添加剂在畜牧业生产中广泛应用，大大降低了动物死亡率，缩短了动物饲养周期，促进了鸡蛋产量的增长和集约化养殖的发展。但由于不当或非法使用药物，过量的药物残留在动物体内，造成兽药残留超标，严重影响鸡蛋质量安全。

七、鸡蛋分级、消毒及包装

随着人们对鸡蛋购买方式的改变，越来越多的人购买分级的、清洁的小包装鸡蛋。从鸡舍收集后的鸡蛋经过清洁、消毒、烘干、涂膜、分级、分装的过程，可有效减少被致病菌污染的机会，保证了鸡蛋内容物的质量，能有效延长鸡蛋的贮藏时间。

八、收贮运条件

鸡蛋在产出后，及时收集，会减少蛋壳表面微生物的数量。大型养殖场多选择自动集蛋设备，可在集蛋和输送鸡蛋的过程中降低破蛋率，并且提高集蛋效率，减少鸡蛋二次污染的风险。如果没有经过清洗消毒，鸡蛋随着贮藏时间的延长，蛋白既会发生物理变化，也会发生化学变化，从而影响蛋内容物的质量。随着贮存时间的延长，卵清蛋白中浓蛋白和稀蛋白的差异越来越不明显，直至浓蛋白消失，卵黄膜也因水分的大量进入或微生物的感染而失去弹性，出现散黄现象。

第 三 章　蛋鸡场建设

一、选址

　　选址是蛋鸡场建设的第一步，选择合适的地理位置，可以协调蛋鸡场、自然环境、社会环境之间的关系，使得三者之间保持平衡。

　　（1）鸡场建设应经过环境评估，鸡场周围环境质量应符合NY/T 388—1999《畜禽场环境质量标准》的规定，鸡场环境要符合《中华人民共和国动物防疫法》（以下简称《动物防疫法》）有关要求。

　　（2）鸡场应选择背风向阳，地势高燥，排水良好的地方。在山区建场，鸡舍宜选择在山的阳面。

　　（3）距离生活饮用水源地、动物屠宰加工场所、动物和动物产品集贸市场 500 m 以上；距离种畜场 1 000 m 以上；距离动物诊疗场所 200 m 以上；动物饲养场（养殖小区）之间距离不少于 500 m。

　　（4）距离动物隔离场所、无害化处理场所 3 000 m 以上。

　　（5）距离城镇居民区、文化教育科研等人口集中区域及公路、铁路等主要交通干线 500 m 以上。

（6）土壤未被生物学、化学、放射性物质污染，且透水性强，吸湿性和导热性弱，抗压性强。

（7）场地土壤透气性和渗透性良好，场区地面有一定的坡度利于排水，或者人工设计排水沟，保证雨天场地不积水。

（8）水源充足，饮用水应符合 NY 5027—2008《无公害食品　畜禽饮用水水质》要求。

二、布局

（1）场区周围建有围墙。

（2）场区整体布局合理，场内设有生活管理区、生产区及无害化处理区。生产区与生活办公区分开，并有隔离设施。

（3）生产区应设在生活管理区常年主导风向的下风向，无害化处理区应设在生产区、生活管理区的下风口或侧风口处。

（4）生产区内清洁道、污染道分设。

（5）生产区内各养殖栋舍之间距离在 5 m 以上或者有隔离设施。蛋鸡饲养场、养殖小区内的孵化间与养殖区之间应当设置隔离设施，并配备种蛋熏蒸消毒设施，孵化间的流程应当单向，不得交叉或者回流。

（6）场区入口处设置与门同宽、长 4 m、深 0.3 m 以上的消毒池。

三、设施设备

（1）场区人员及车辆入口处及每栋鸡舍入口处配置消毒设备。

（2）生产区有良好的采光、通风设施设备。

（3）建筑材料和设备应选用通用性强、高效低耗、便于清洗消毒、耐腐蚀的材料；鸡舍地面、墙壁和房顶应坚固、防水、防火、防风，墙表面应光滑平整，墙面耐磨、耐冲刷，不含有毒有害物质。

（4）饲养舍宜选用专用产品，笼具设计科学合理。笼具、圈舍、通道、地面不应该有尖锐突出物。

（5）饮水设施应安装合理，坚固且无渗漏。

（6）密闭式鸡舍应设置控制环境温度、湿度、通风、光照的设施，并设置鸡舍内发生断电、高温等意外情况的应激处理装置。

（7）鸡舍和运动场要有防鼠、防鸟等设施，防止饲料及其他设施遭受污染、损坏，减少疫病的传播。

（8）配备具有疫苗冷冻（冷藏）、消毒和诊疗等设备的兽医室，或者有兽医机构为其提供相应服务。

（9）有与生产规模相适应的无害化处理、污水污物处理设备。

（10）有相对独立的动物隔离舍。

（11）设施设备的种类

①物理消毒设备：机械清扫设备、冲洗设备、紫外线灯、火焰消毒设备、湿热灭菌设备等。

②化学消毒设备：喷雾设备、消毒液机、次氯酸钠发生器、臭氧空气消毒机等。

③通风降温设备：风机、喷雾降温系统。

④光照设备：鸡舍除了光源以外，要有光照自动控制系统。

⑤饮水设备：自动饮水系统，可以采用乳头饮水器、杯式饮水器、真空饮水器、吊塔饮水器、长槽饮水器等。

⑥喂料设备：自动喂料机。

⑦发电设备：发电机等。

第 四 章

蛋鸡养殖管理

一、引种

应从具有《种畜禽生产经营许可证》《动物防疫条件合格证》的种禽场或专业孵化场引进雏鸡，严禁从经常发生疫病或正在发生疫病的种禽场引种。引进品种性能要稳定，且不携带垂直传播疾病（如鸡白痢、禽白血病、网状内皮增生症等）。

二、饲养管理

1. 雏鸡（从出壳到 6 周龄的鸡）的培育

（1）进雏前的准备

①卫生和消毒。育雏舍在进鸡之前必须彻底打扫和清洗，包括墙壁、地面、笼具、设备等。然后用 2% 氢氧化钠（烧碱）溶液喷洒墙壁和地面，再用季铵盐类消毒液对育雏舍所有的设备进行喷洒消毒。最后关闭育雏舍，进行熏蒸消毒。可采用的熏蒸消毒方法：一是加热甲醛熏蒸。每立方米空间需用 15～30 mL 福尔马林（37%～40% 的甲醛溶液）。二是二氯异

氰尿酸钠烟熏消毒。熏蒸过程中保持门窗紧闭，漏风口必须堵死，确保不漏风；熏蒸后应保持鸡舍密闭 24 h；熏蒸时相对湿度要保持在 60% 左右；温度和湿度过低，都会影响熏蒸效果。

②试温预热增湿。在进雏前 1～2 d，通风换气；调试预热增湿，检查设备是否完备。进雏鸡前一天温度应达到 33～36℃，相对湿度控制在 65% 左右。

③饲料和药品。按照饲养品种的营养需求标准，提前一周左右准备好饲料、相应的兽药与疫苗。

④器具准备。铺设垫网，准备开食盘或小料桶、水杯。

（2）第一周　开水开料前进行一次体重抽检，一般要求抽检数量不少于总体数量的 1%，检查雏鸡的状态。

①饮水。断喙雏鸡第一周的饲养管理应遵循"先饮水，后开食"的原则。在入舍 1～3 h 内让雏鸡饮到干净的水，可以在饮水中添加 5% 的葡萄糖、电解多维。第二天开始，饮水中可以添加开口药（安普霉素、阿莫西林、恩诺沙星等）3～5 d，用于预防雏鸡沙门氏菌病、大肠杆菌病等。

②开食。开食时间应在第一次饮水 1～2 h 后。喂量应做到少量多次，可以将料放在垫纸上以刺激采食，前两天用开食盘或小料桶饲喂，第三天配合使用料槽，第四天撤掉开食盘或小料桶。开食第一昼夜每隔 3 h 喂一次，以后夜间不喂，白天每 4 h 喂 1 次。饲料选择颗粒料，采用"少喂勤添"的饲喂方式。

③温度、湿度、光照。0～3 d 温度控制在 33～36℃，4～7 d 控制在 30～32℃；第二周开始每周下降 2℃，直到 21℃。湿度保持在 65% 左右。0～7 d 采用明亮光照 30～50 lx，0～3 d 使用 22～24 h 光照，4～7 d 使用 20～22 h 光照。

（3）第二周　孵化场没有断喙的雏鸡在 7～10 日龄断喙，此时的重点工作为调整饮水管高度，乳头高度与雏鸡头顶持平；饲料的厚度要适宜，不可太薄以免雏鸡的喙直接与料槽接触；光照强度控制在 25 lx 左右。13 日龄左右撤掉垫网。

（4）第三周　激光断喙的雏鸡，第三周是喙脱落的高峰期，喙基本脱落完全，所以这个阶段的主要工作是考虑技术分群，避免拥挤，及时挑选弱小鸡只，单独加强管理，减少饲养密度，注意预防支原体病等疾病。光照强度适当下降至 20 lx 左右。

（5）雏鸡的称重　在雏鸡开水开料前进行一次体重抽检，一般要求抽检数量不少于总体数量的 1%。以后每周龄的最后一天下午 2：00 以后空腹称重，并计算整体均匀度，同时测量胫骨长度，根据结果调整饲料配方。

（6）雏鸡培育光照、温度和湿度要求　参见表 3。

表 3　雏鸡培育光照、温度和湿度要求

时段	温度（℃）	相对湿度（%）	光照时间（h）	光照强度（lx）
进雏前 1～2 d	29	65	—	—
1 日龄	35～36	65	24	30～50
2 日龄	34	65	23	30～50
3 日龄	33	65	22	30～50
7 日龄	31	65	21	30～50
2 周龄	29～31	60	19	25
3 周龄	27～29	50～60	17	20～25
4 周龄	23～26	50～60	15	5～15
5 周龄	21～23	50～60	13.5	5～15
6 周龄	21	50～60	11	5～15

2. 育成鸡（从 7 周龄到 19 周龄）的培育

育成鸡是指处于 7～19 周龄阶段的青年鸡群，也称青年鸡、后备鸡。育成鸡羽毛丰满，具有完善的体温调节机制和对外界环境的适应能力，采食旺盛，生长迅速。

（1）育成鸡的前期管理　在 60～100 日龄转群，转群前要彻底清扫、消毒育成舍及用具，转群时淘汰病弱个体。为了便于管理，控制全场疾病，提高经济效益，应实行"全进全出"制度。转群后 3 d 内应提高光照强度，转群当天适当推迟熄灯时间，使育成鸡进入新鸡舍能迅速熟悉环境，减少转群应激。

（2）脱温　当鸡舍内昼夜温度达到 21℃以上，就可以脱温。降温要求缓慢，脱温后遇到降温仍需适当给温。

（3）定时称重，提高体重整齐度　体重是衡量鸡群生长发育的重要指标之一，不同品种都有其标准体重。要通过称重了解鸡群的生长发育情况，并根据体重变化及时调整饲喂量。

（4）调整饲养密度　饲养密度也是决定鸡群整齐度的一个重要指标。饲养密度大会引发鸡群混乱、体重偏小、啄肛、啄羽；密度小，造成成本增加。一般情况下，青年鸡阶段 3～17 周龄饲养面积一般为每只鸡 310 cm^2，产蛋鸡每只占地 490～750 cm^2。

（5）温度、湿度、光照　育成舍的温度控制为 18～22℃，湿度 50%～60%，光照为每天 10 h，到育成后期（17 周龄）开始提高光照时间，每周增加 1 h，至 19 周龄达到每天 13 h。同时在 15 周龄体重达标的前提下开始加强光照强度至 20～25 lx，17 周龄调至 30 lx。

（6）限制饲养与体重控制　为了防止鸡群体重过大，保持鸡群体重正常，防止过早进入性成熟，在生产中往往对鸡群进行限饲。生产中多采用限量法饲喂，日喂量按照自由采食的80%～90%供给，但必须保证每周增重不能低于标准体重。

（7）分群和调群　笼养鸡群，应根据鸡只的体重大小和强弱进行分群饲养，一般在转入育成阶段时进行初选，第二次在转入蛋鸡舍时或接种疫苗时进行。及时对体重过轻的鸡进行调群，提高喂料量，以保证体重达到饲养标准。

3. 产蛋鸡（20周龄以后）的饲养管理

（1）营养需求　产蛋阶段，应加强营养，全面满足产蛋鸡的营养需求，充分发挥其产蛋潜力。15～17周龄进入产前料阶段，粗蛋白含量需要从青年鸡阶段的15%提高到16.5%，钙从0.9%提高到2.7%；18周龄以后产蛋率达到90%以上，要根据品种、采食量等情况，粗蛋白要逐步提高到16.5%～18.3%，钙含量应不低于3.9%～4.5%。营养浓度过高造成饲料浪费，过低影响产蛋高峰维持时间。

（2）环境控制　蛋鸡舍的温度控制为18～23℃，湿度50%～60%。光照是刺激鸡群性成熟的重要手段，在体重达标的前提下，到30周龄，光照时间逐步增加到16 h，此后保持恒定16 h。及时通风换气，保持鸡舍空气新鲜，维持鸡舍的相对安静。

（3）定时喂料及饮水　产蛋鸡每天饲喂3次为宜。第一次6：00—7：00，第二次10：30—11：00，第三次16：30—17：30。3次喂料量比例为3：3：4。

蛋鸡饮水量较大，一般是采食量的2～2.5倍，饮水不足会造成产蛋率急剧下降。在产蛋及熄灯之前各有一次饮水高峰，而熄灯之前的饮水与喂料往往被忽视。

（4）勤捡蛋　每天至少进行两次捡蛋，第一次 11：00 左右，第二次 16：30 左右。

（5）定期称重　产蛋高峰（22 周龄或 90％以上产蛋率）前，每周检测体重，达到产蛋高峰后不需要每周检测，22 周龄以后体重已相对增长缓慢。

三、保温和通风管理

1. 育雏期保温和通风管理

初生雏绒毛的保温能力差，随着羽毛的生长和退换，雏鸡的体温调节机能才逐渐加强，雏鸡在 6～7 周龄绒毛脱尽换上羽毛，才具备一定的保温能力。

育雏期前 7 d 温度管理要点：以保温为主，通风换气为辅。做好鸡舍的供暖，保证供暖设施的正常运行，鸡舍和育雏区域的温度达标；做好温度监测记录，确保鸡背部的温度达到 33～35℃；笼养育雏要确保每个小笼内的温度达到温度标准。

同时，还可以依据鸡群的精神状态来判定鸡舍温度是否满足鸡群生理需要。

（1）温度适宜时，雏鸡活泼好动，精神旺盛，叫声轻快，羽毛平整光滑，食欲良好，饮水适度，粪便多呈条状；休息时，在笼上分布均匀，头颈伸直熟睡，无异常状态或不安的叫声，鸡舍安静。

（2）温度过低，雏鸡扎堆，靠近热源。

（3）温度过高，鸡群张口喘气，远离热源，采食量减少，喝水增加。

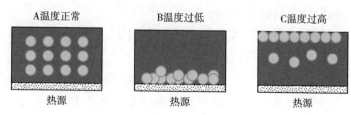

不同温度条件下鸡群的表现

（4）育雏期供热设备温度的变化决定鸡舍温度变化。为了保证鸡舍一天内温度变化≤1℃，供热设备温度一天内变化要≤5℃，尤其注意夜间供热设备温度的稳定性。

（5）雏鸡体型小，呼吸量小，尽量减少通风，尤其是冬季前3 d一般不通风。

（6）低温度育雏，影响雏鸡的卵黄吸收、采食和饮水活动，影响鸡群的抵抗力，甚至诱发感染多种疾病，如呼吸道病、大肠杆菌病等，造成病雏、弱雏增多，死淘率增高。如果继发感染传染性支气管炎，则会影响产蛋高峰，损失巨大且不可挽回。

2. 育成期温度和通风管理

育成鸡舍温度，要随着鸡日龄的增大而逐渐降低，过高的温度会使鸡群体质变弱，影响采食和体重增长。因此，在饲养管理中，要依据外界温度的变化，调整通风量，以确保舍内温度适宜、均匀、稳定。一般育成鸡舍的适宜温度为18～20℃，相对湿度40%～60%。

3. 预产期与产蛋期温度管理

预产期鸡群体型发育结束，生殖器官开始发育，为产蛋做准备，同时进行第 3 次换羽，皮屑脱落，舍内粉尘污染较重，应加大通风量，舍内温度不宜过高，以 16～20℃ 为宜。另外，在 110 日龄左右要进行转群，因此，要做好育成鸡舍与蛋鸡舍温度的衔接，防止温度变化对鸡群造成的应激。

产蛋期鸡舍温度的变化主要受不同季节环境变化的影响。适宜产蛋的温度为 18～24℃，不低于 13℃，不高于 28℃，相对湿度 40%～60%。要根据季节转换对鸡舍目标温度进行调整，其温度管理的目的是促进鸡只采食，维持体重适宜与产蛋稳定。

4. 寒冷季节蛋鸡舍温度管理措施

在寒冷季节既要做好鸡舍的保温工作，又要保证鸡舍通风换气。在满足最小呼吸量的前提下，确定目标温度；防止冷空气造成的冷应激，采取间歇式横向通风方式。

（1）适宜温度　鸡舍适宜温度为 18～24℃，最低不得低于 13℃。当鸡舍温度低于 13℃ 时，鸡就需要采取增加产热量的化学调节方法来维持体温平衡。

（2）通风方式　采取横向通风模式，鸡舍通风系统的选择要根据地理位置、气候条件、鸡舍构造、存栏等统筹规划。鸡舍进风口有两种：第一种是横向侧窗进风口，设置在鸡舍侧墙上，风机安装在鸡舍一端；第二种是屋顶通风，风机安装在屋顶的通风管道处，进气阀均匀分布在鸡舍两边。屋顶通风方法经常用于较冷天气的少量通风。在较低温度或育雏期间，调整侧墙或顶棚的进风口对于提高鸡群的舒适度，比风扇更重要。

（3）温度和通风控制措施　采取间歇式横向通风方式，应注意以下几个方面。

①通风量应与鸡群需求匹配。最低通风量的设定不仅考虑

温度，而且要考虑湿度，同时还要考虑鸡背高度的风速和空气中二氧化碳的浓度。鸡只的周龄、体重和外界温度决定了鸡群需要的最低通风量（表4）。例如：当外界的环境温度为$-12℃$，舍内目标温度不低于$15℃$时，京粉6号20周龄鸡群，每栋存栏15 800只鸡，所需最低通风量＝15 800只×0.7 $m^3/(h·只)$＝11 060 m^3/h。

表4 不同周龄不同舍外温度下的最低通风量

单位：$m^3/(h·只)$

环境温度（℃）	1周龄	3周龄	6周龄	12周龄	18周龄	19周龄以上
32	0.36	0.54	1.25	3.0	7.1	9.3～12
21	0.18	0.27	0.63	1.5	3.0	5.1～6.8
10	0.13	0.18	0.42	0.8	2.2	3.1～4.2
0	0.08	0.13	0.29	0.54	1.5	1.0～1.7
−12	0.07	0.11	0.21	0.4	0.6	0.7～1.1
−23	0.07	0.11	0.21	0.4	0.6	0.7～0.9

②风机数量应与通风量匹配。根据鸡舍构造、存栏量、外界温度、风机规格计算满足最低通风量的风机开启个数及循环次数，建议5 min一个循环。

③进风口的设置。进风口开启大小应与舍内静压相匹配，使进入舍内的冷空气沿着天花板运动到鸡舍中央，与鸡舍热空气混合后落到鸡身上；进风小窗应对称开启，实现空气的均匀分布，减小各位置的温差。

（4）加热进入舍内冷空气的方法 让冷空气尽量长时间地停留在屋顶区域，与舍内热空气混合，最大程度地加热进风。通过安装导流板，控制进入舍内空气流动的方向，小窗开启的大小控制进入空气的流量与速度；导流板的角度通过在鸡舍第二组笼正上方和小窗导流板拉线确定。

通过红外线温度成像技术测定舍内温度，判定进入舍内的冷风处理得是否合理。

5. 炎热季节（外界平均气温超过 22℃时）蛋鸡舍温度管理措施

产蛋鸡适宜的环境温度上限是 28℃，当环境温度超过28℃时，鸡体单靠物理调节方式不能维持其热平衡。当气温超过 32℃时，鸡群表现出强烈的热应激反应：张嘴喘息，大量饮水，采食量显著下降，甚至停食；产蛋率大幅下降，小蛋、轻蛋、破蛋显著增加。长时间持久的热应激会造成死亡率的增加，在夜间维持较低的温度有助于鸡只抵抗白天的酷热。因此，夏季密闭式鸡舍要采取纵向通风与湿帘降温的方式，降低鸡的体感温度，以促进鸡只采食，降低热应激。

（1）适宜温度　炎热季节（外界平均气温超过 22℃时），不同温度、不同湿度、不同风速条件下的体感温度见表 5。鸡适宜的体感温度范围 18～28℃。

表5　不同温度、不同湿度、不同风速条件下的体感温度

温度（℃）	相对湿度（%）	不同风速下的体感温度（℃）					
		0 m/s	0.5 m/s	1.1 m/s	1.5 m/s	2 m/s	2.5 m/s
35	30	35.0	31.6	26.1	23.8	22.7	22.2
35	50	35.0	32.2	26.6	24.4	23.3	22.2
35	70	38.3	35.5	30.5	28.8	26.1	25.0
35	80	40.0	37.2	34.1	30.0	27.2	25.2
32.2	30	32.2	28.8	25.0	22.7	21.6	20.0
32.2	50	32.2	29.1	25.5	23.8	22.7	21.1

（续）

温度（℃）	相对湿度（%）	不同风速下的体感温度（℃）					
		0 m/s	0.5 m/s	1.1 m/s	1.5 m/s	2 m/s	2.5 m/s
32.2	70	35.0	32.7	28.8	27.2	25.5	23.3
32.2	80	37.2	35.0	30.0	27.7	27.2	26.1
29.4	30	29.4	26.1	23.8	22.2	20.5	19.4
29.4	50	29.4	26.6	24.4	22.8	21.1	20.0
29.4	70	31.6	30.0	27.2	25.5	24.4	23.3
29.4	80	33.3	31.6	28.8	26.1	25.0	23.8
26.6	30	26.6	23.8	21.6	20.5	17.7	17.7
26.6	50	26.6	24.4	22.2	21.1	18.9	18.3
26.6	70	28.3	26.1	21.1	23.3	20.5	19.1
26.6	80	29.4	27.2	25.5	23.8	21.1	20.5
23.9	30	23.8	22.2	20.5	19.4	16.6	16.6
23.9	50	23.9	22.8	21.1	20.0	17.7	16.6
23.9	70	25.5	24.4	23.3	22.2	20.0	18.8
23.9	80	26.1	25.0	23.8	22.7	20.5	20.0
21.1	30	21.1	18.9	17.7	17.2	16.6	15.5
21.1	50	21.1	18.9	18.3	17.7	16.6	16.1
21.1	70	23.3	20.5	19.4	18.8	18.3	17.2
21.1	80	24.4	21.6	20.0	18.8	18.8	18.3

（2）通风方式 夏季宜采取纵向通风模式。纵向通风是风机安装在鸡舍末端，进风口设置在鸡舍前端或前端两侧墙上，空气被一端的风机吸入鸡舍，贯穿鸡舍后排出鸡舍。纵向通风可使空气流动速度加大，最大可达 3 m/s 以上，从而给鸡群带来风冷效应，降低体感温度。

（3）温度控制措施 采取纵向通风与湿帘降温，应注意以下几个方面。

①通风量应与鸡群需求匹配。炎热季节要满足鸡只通风量需求。采取纵向通风时，依据外界温度变化调整风机的通风级别，增加风速，降低体感温度。风速为 1~2.5 m/s 时，鸡只的体感温度可降低 6~8℃。当环境温度超过 30℃ 时，风冷效应随着温度的上升而降低；当达到 35℃ 以上时，仅靠风速已不能产生风冷效果，因此还应采取湿帘降温。

当舍内温度高于 32℃ 时，湿帘运行，外界干热的空气与湿帘表面的水膜相接触，吸热蒸发，从而降低进入鸡舍的空气温度。

②夏季纵向通风，当风机数量一定时，鸡舍正前方进风口面积越接近鸡舍截面积，获得的风速越大；舍内静态压力越小，风机效率越高。

③湿帘启动时，应保证进入鸡舍的空气全部由湿帘进入，少开风机，降低风速；湿帘开启时，通过调节上水的速度控制水流面积，防止温度剧烈下降；安装导流板，调节冷风风向，防止靠近湿帘的鸡着凉。

湿帘纸有 10 cm 和 15 cm 厚度两种规格。湿帘面积计算方式：15 cm 厚度湿帘过帘风速 1.8 m/s，10 cm 厚度湿帘过帘风速 1.5 m/s。用鸡舍每秒最大排风量除以通过湿帘的风速即可得到湿帘使用面积。

6. 通风方式

开放式鸡舍采取自然通风，简单易行，成本低，但受外界环境影响大。适用于南方的养殖条件。

密闭式鸡舍一般采取负压机械通风，有三种通风方式，即纵向通风、横向通风、混合过渡通风。

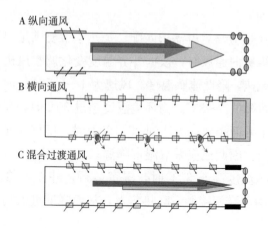

7. 通风参数设定标准

在饲养管理过程中，根据鸡群存栏、日龄、体重、外界气候变化，设置鸡舍通风参数。

（1）体感温度　由于风冷效应，鸡的体感温度比温度计显示的温度要低。

（2）相对湿度　控制在40%～60%，不超过70%，不低于40%。

（3）呼气量和换气量　鸡只最大呼气量：7～8 m³/(kg·h)；鸡只正常换气量：3 m³/(kg·h)；鸡只最小换气量：0.3 m³/(kg·h)。

（4）鸡舍内截面风速　冬季0.1～0.3 m/s，春秋换季0.5～1 m/s，夏季1～3 m/s。

四、光照管理

鸡群身体发育成熟后，适时地进行光照刺激可促进其性成熟，实施合理的光照程序是使鸡群实现体成熟与性成熟同步、高产稳产的重要条件。

1. 光照作用

光照不仅仅对蛋鸡的性成熟、排卵与产蛋产生较大的影响，同时对鸡群的活动、采食和饮水等具有重要作用。实际生产过程中，主要通过调整光照时间、光照强度和遮光管理，促进鸡群生长，实现体成熟与性成熟同步，使鸡群顺利达到产蛋高峰。

2. 光照程序

密闭式鸡舍光照程序参见表6。

表6　密闭式鸡舍光照程序

日龄	光照时间（h）	光照强度（lx）
1～3	24	40～60
4～7	22	40～60
8～14	20	20～40
15～21	18	10～20
22～28	16	5～10
29～35	14	5～10
36～42	12	5～10
43～49	10	5～10
50～126	9h恒定光照时间	5～10
127～133	10	10～20
134～140	11	10～20
141～147	12	10～20
148～154	13	10～20

（续）

日龄	光照时间（h）	光照强度（lx）
155～161	13.5	10～20
162～168	14	10～20
169～175	14.5	10～20
176～189	15	10～20
190～203	15.5	10～20
204～217	16	10～20
218～231	16	10～20
232日龄至淘汰	16	10～20

3. 光照选择

（1）光源选择　目前，一般使用3～5 W节能灯或专用可调光暖色LED灯，且具有节能（大约75%）、使用寿命长的特点。因此，建议使用节能灯或专用可调光暖色LED灯。

（2）灯泡安装　灯泡设置要合理，分布要均匀，不要有暗区。鸡舍内有多排灯泡，每排灯泡应交错分布；三层半阶梯笼养鸡舍灯泡位置要求距地面2.3～2.5 m，横向间距2.5～3 m，纵向间距3～3.5 m，要交错排列安装；及时更换坏灯泡和保持灯泡干净。

（3）照度监测　用照度计监测舍内光照强度，依据鸡群各阶段光照强度标准，通过调光器增加或降低光照强度。

4. 光照管理措施

（1）育雏前7 d的光照管理　初生雏鸡视力水平不佳，觅食能力较差，消化与体温调节能力不健全，为了促进雏鸡的健康生长，增强鸡群体质进而提高大群成活率，一般笼养雏鸡 3 日龄内可采用 22～24 h 光照时间，4～7 日龄光照时间减少 2 h，采取 20～22 h 光照；光照强度逐渐减弱，0～7 日龄 30～50 lx 为宜。

（2）育成期光照管理　育成期光照时间和光照强度的合理控制是控制性成熟的重要手段。鸡群生长至 10 周龄后，光照时间若逐渐延长，会刺激其性器官加速发育，造成性成熟提前于体成熟，导致鸡群后期产蛋量少、产小蛋的延续时间长和高峰持续时间短。育成期光照时间保持恒定，光照长度不能增加，一般恒定在 8～11 h。

（3）加光日龄的确定　鸡群生长发育成熟后，首次加光日龄的确定很重要。过早加光，鸡未达到体成熟，脱肛、啄肛情况严重，影响产蛋高峰的持续时间；过晚加光，腹脂沉积增加，导致脱肛，增加生产成本。若光照晚加 1 周，开产日龄推迟 5～7 d。

首次加光方法：①遵循原则：依照鸡群的日龄和体重确定首次加光日龄。②一般在 16～17 周龄鸡群平均体重达到 1 260～1 330 g 开始加光（品种不同体重标准会有差异，请参照品种体重标准执行）。体重不达标不加光。增加光照前，若鸡群体重未达到标准，需刺激鸡群采食，提高鸡群体重。但需注意的是，在加光前还要考虑耗料量的增幅，光照刺激前一周的耗料量一定要增加，不要因为鸡群的平均体重超过标准而减缓耗料的增幅。③根据蛋鸡品种，首次加光时间略有不同，如海兰褐不能晚于 126 日龄。④加光频率：每周增加 1 h，到 12 h 后，每周增加 0.5 h，直到 14 h 达到产蛋高峰，以后可以每两周增加 0.5 h 直到 16 h。

5. 遮光管理

在密闭式鸡舍，为确保鸡舍的密闭性和鸡舍光照强度的均匀、光照时间的恒定，所有进风小窗应安装遮光罩，排风口使用风机遮光罩。遮光效果的评价：在黑暗期，从鸡舍所有的缝隙中透过的光线不能高于 0.5 lx。

6. 夜间光照

在夜间增加 1～2 h 的光照，可以使后备鸡群、产蛋高峰期鸡群、炎热的气候条件下鸡群的采食量增加 2～5 g。其方法如下：在光照程序黑暗期的中间增加光照 1～2 h，加光前后要保持 3 h 以上的黑暗期；开灯之前料槽要加满料。

第 五 章

蛋鸡场消毒管理

一、常用消毒剂

1. 氯制剂类消毒剂

氯制剂类消毒剂可以通过产生次氯酸来杀灭病原微生物。次氯酸分子可以穿透细胞膜进入菌体，通过氧化菌体蛋白来消灭细菌。主要品种有次氯酸钠、次氯酸钙、二氯异氰尿酸钠、三氯异氰尿酸钠、月苄三甲氯铵、二氧化氯、84消毒液等。鸡舍内的熏蒸消毒一般选择三氯异氰尿酸钠，饮水消毒选择二氧化氯或次氯酸钠。该类消毒剂的缺点是气味较重，饮水消毒对鸡的饮水量有一定影响。

2. 碘类消毒剂

碘类消毒剂的消毒能力强大，可以杀灭细菌芽孢、病毒、霉菌。碘类消毒剂通过氧化病原体蛋白，使其失活，达到杀灭病原体的作用。鸡场常用聚维酮碘。

3. 过氧化物类消毒剂

过氧化物类消毒剂通过其强大的氧化能力来杀灭病原微生

物，可杀灭细菌芽孢、病毒、霉菌等。鸡场常用过氧乙酸、过氧化氢。主要用于鸡舍、用具、衣物、水线的消毒。缺点是不稳定，有腐蚀性。

4. 碱类消毒剂

碱类消毒剂对细菌和病毒的杀灭能力都很强，且无臭无味。鸡场常用的有生石灰、氢氧化钠（苛性碱、火碱、烧碱）。主要用于场地消毒。缺点是腐蚀性强。

5. 季铵盐类消毒剂

季铵盐类消毒剂是一种表面活性剂，通过破坏细菌的细胞膜，影响膜的通透性起到杀菌作用。常用的有新洁尔灭、苯扎溴铵等。主要用于环境消毒、带鸡消毒等。

6. 醛类消毒剂

醛类消毒剂作用于病原微生物的蛋白，使蛋白失活，从而杀灭病原微生物。鸡场常用的有甲醛、戊二醛等。其中戊二醛属于高效、广谱、腐蚀性小的消毒液，可以用于鸡舍环境、器具的消毒，也可用于带鸡消毒。

7. 酚类消毒剂

酚类消毒剂通过破坏细菌的细胞膜起到杀菌作用。鸡场常用的有苯酚（石炭酸），主要用于器具、排泄物的消毒。

8. 胍类消毒剂

胍类消毒剂通过损坏细菌的细胞膜、抑制细菌的代谢酶、凝聚细胞质等起到杀菌作用。常用的有氯己定及其衍生物、聚六亚甲基胍及其衍生物。

二、消毒方法及消毒剂的选用原则

（1）应使用符合《中华人民共和国兽药典 2020年版》要求，并经国家卫生健康委员会或农业农村部批准生产、具有生产文号和标注生产厂家的消毒液，严格按照说明在规定范围内使用。

（2）应选择广谱、高效、杀菌作用强、刺激性低，对设备不会造成损坏，对人和动物安全，低残留、低毒性、低体内蓄积的消毒液。

（3）稀释药物用水符合消毒剂特性要求，应使用含杂质较少的深井水，放置数小时的自来水或白开水，避免使用硬水；应根据气候变化，按产品说明要求调整水温至适宜温度。

（4）稀释好的消毒液不宜久存，应现配现用。需活化的消毒剂，应严格按照消毒剂使用说明进行活化和使用。

（5）用强酸、强碱及强氧化剂类消毒剂消毒过的鸡舍，应用清水冲刷后再进鸡，防止灼伤鸡只。

（6）预防微生物耐药性的产生，各种不同类型的消毒剂宜交替使用。

（7）带鸡消毒时宜选对皮肤、黏膜无腐蚀、无毒性的消毒剂。

（8）所有鸡舍在鸡转入前应彻底清洗、消毒，且清洗、消毒后应至少空置两周。

（9）制定严格的消毒制度，定期检测消毒效果。

三、消毒规范

1. 人员消毒

（1）养鸡场生产区入口应设消毒间或淋浴间。消毒间地面设置与门同宽的消毒池（垫），上方设置喷雾消毒装置。喷雾消毒剂可选用 0.1％～0.2％的过氧乙酸（应符合 GB 26371—2020《过氧化物类消毒液卫生要求》的规定）或者 800～1 200 mg/L 的季铵盐类消毒液（应符合 GB 26369—2020《季铵盐类消毒剂卫生要求》的规定）。消毒池的消毒剂可选择 2％～4％氢氧化钠溶液或 0.2％～0.3％过氧乙酸溶液，至少每 3 天更换一次。

（2）生产区的入口处应该建有淋浴室和更衣室。人员进入生产区应经过消毒间，换上消毒过的工作服，洗手，经消毒池对鞋底消毒 3～5 min，再经喷雾消毒 3～5 min，方可进入。或经淋浴、更换场区工作服（衣、裤、鞋、帽等）后进入。

（3）每栋鸡舍的进出口应设消毒池（垫）和洗手池、消毒盆。消毒池的消毒剂可选择 2％～4％氢氧化钠溶液或 0.2％～0.3％过氧乙酸溶液，至少每 3 天更换一次。消毒盆里的消毒液可选择 400～1 200 mg/L 的季铵盐类消毒液、2～45 g/L 的胍类消毒液（应符合 GB 26367—2020《胍类消毒剂卫生要求》的规定）或 0.2％过氧乙酸溶液。工作人员进出，可将手和裸露的胳膊浸泡在消毒液中 3～5 min。

（4）生产人员进出栋舍，需穿长筒靴在消毒池（垫）内站 3～5 min。

（5）使用过的工作服和鞋子可选用季铵盐类、碱类、0.2％～0.3％过氧乙酸或含 250～500 mg/L 有效氯的含氯消毒液浸泡 30 min，然后水洗；或用 15％过氧乙酸 7～10 mL/m³ 熏蒸消毒 1～2 h；也可煮沸 30 min，或流通蒸汽消毒 30 min。

2. 运输工具消毒

（1）进出养殖区的车辆应在远离养殖区至少 50 m 外的区域实施清洁消毒。

（2）用高压水枪等清除车身、车轮、挡泥板等暴露处的泥、草等污物。

（3）清空驾驶室、擦拭干净，再用干净布浸消毒液后消毒车内地板和地垫、脚踏板等。车内密闭空间，可用 15％过氧乙酸 7～10 mL/m³ 熏蒸消毒 1 h 或用 0.2％过氧乙酸溶液喷雾消毒 1 h。

（4）所有从驾驶室拿出来的物品都应先清理，再用季铵盐类、碱类、0.2％～0.3％过氧乙酸或含 250～500 mg/L 有效氯的含氯消毒液浸泡 30 min 消毒，然后冲洗干净。

（5）养殖场的大门口应设置与门同宽的自动化喷雾消毒装置，对进出车辆的车身和底盘进行喷雾消毒，消毒液可选择含有效氯 1 000 mg/L 的含氯消毒液、0.1％新洁尔灭、0.03％～0.06％癸甲溴铵、0.3％～0.5％过氧乙酸或 3％～5％来苏儿溶液，每周至少更换 3 次。车辆进入养殖场应经消毒池缓慢驶入。消毒后，用高压水枪将消毒剂冲洗干净。

（6）养殖场办公区也应设与门同宽、长 4 m 以上、深 0.3～0.4 m 防渗硬质水泥结构的消毒池；池顶修遮雨棚。消毒液可选用 2％～4％氢氧化钠溶液或 3％～5％来苏儿溶液，每周至少更换 3 次。车辆进入时也应经消毒池缓慢驶入。消毒后，用高压水枪将消毒剂冲洗干净。

3. 场区道路和环境的消毒

（1）场区道路清洁　应每天清扫场区道路，硬化路面应定期用高压水枪清洗，保持道路的清洁卫生。

（2）道路和环境消毒　每周用 10％漂白粉溶液、0.3％～0.5％过氧乙酸或 2％～4％氢氧化钠溶液彻底喷洒，用药量为 $300～400 \text{ mL/m}^2$。

（3）场内污水池、排粪坑、下水道出口，定期清理干净，用高压水枪冲洗，每月至少用漂白粉消毒 1 次。

（4）被病鸡的排泄物、分泌物污染的地面土壤，应先对表层地面清理，与粪便、垃圾集中发酵或焚烧处理；用消毒液对地面喷洒消毒，可选用 5％～10％漂白粉溶液、2％～4％氢氧化钠溶液、4％甲醛溶液、10％硫酸苯酚合剂，用药量 1 L/m^2；或撒漂白粉，$0.5～2.5 \text{ kg/m}^2$。

4. 空鸡舍的清洁和消毒

（1）干扫

①清除地面和裂缝中的有机物，铲除地面上的结块粪便、饲料等。

②彻底清洁饲料传送带、饲料储存器、料槽、饮水器、运输设备、灯具、风扇等设备。

③将不能清洗的设备拆除转移。

④将清扫的废弃物运至无害化处理场进行处理。

（2）湿扫

①用清洁剂对鸡舍进行湿扫，清除干扫清理中残留的粪便和其他污物。清洁剂应该能与随后使用的消毒剂配伍。按照浸泡、洗涤、漂洗和干燥四个步骤进行。首先用清洁剂浸泡；然

后用加洗衣粉的热水按照从后往前，先房顶、再墙壁、后地面
的顺序喷洒清洗，水泥地面用清洁剂浸润 3 h 以上；最后用低
压水枪冲洗。检查清洁后的鸡舍及设备，合格后，关闭并干燥
房舍。

②清洁时确保清洁剂渗入墙壁连接点及缝隙处。

③湿扫清洁严禁带电作业，清洁时做好电力设备的防水
处理。

④鸡舍的墙壁、天花板、风扇及叶片最好使用泡沫消毒
剂，浸泡 30 min，然后自上而下用水冲洗。

⑤清理通风和供热装置内部，注意电线、灯管的表面
清理。

（3）空鸡舍的消毒

①新建鸡舍：首先对鸡舍的设备、墙面、地面进行清洁；
而后用 2%～4%氢氧化钠或 0.2%～0.3%过氧乙酸溶液进行
全面消毒，没有可燃物的鸡舍，可以用火焰枪对地面和墙壁进
行火焰消毒。

②排空鸡舍：鸡舍经过清洁干燥后，可选用 3%～5%氢
氧化钠或 0.2%～0.3%过氧乙酸溶液、含 1 000～2 000 mg/L
有效氯的含氯消毒剂或 500～1 000 mg/L 二溴海因溶液喷洒房
顶、墙壁、门窗、设备、用具、地面等 2～3 次。消毒剂用量：
泥土墙壁用量 150～300 mL/m²；水泥墙、板墙用量为
100 mL/m²；地面用量 200～300 mL/m²。消毒时长不低于 1 h。

③不宜水洗的设备：可用含 250～300 mg/L 有效氯的含
氯消毒剂或 0.5%新洁尔灭擦拭。

④清扫时移出的设备和用具：可放入 3%～5%的甲醛溶
液或氢氧化钠溶液中浸泡，或者用 3%～5%氢氧化钠溶液喷
洒消毒，2～3 h 后用清水冲洗。

⑤熏蒸消毒：能够密封的鸡舍，可以将清洁后的设备和用具移入舍内，熏蒸消毒。将熏蒸桶均匀放置在鸡舍内（每50 m³ 1 个桶），使用戊二醛和甘油的水溶液，熏蒸消毒。熏蒸时舍内相对湿度要保持在 60％，保持鸡舍密闭 24 h。注意：熏蒸过程保持门窗紧闭，漏风口必须堵死，确保不漏风。其他熏蒸种类还有甲醛熏蒸消毒、点燃二氯异氰尿酸钠消毒。

5. 饲喂用具和饮水用具的消毒

（1）饲喂用具的消毒

①饲喂用具每周至少洗刷消毒一次，炎热季节增加次数。消毒剂可选用 0.01％～0.05％新洁尔灭、0.01％～0.05％过氧乙酸等喷洒或擦拭消毒，消毒后用清水冲洗干净。

②拌料用具和饲喂工作服可每天紫外线照射消毒一次，每次照射 20～30 min。

（2）饮水用具的消毒

①饮水管线的消毒，先用高压水枪冲洗，然后将对应的碱性/酸性化合物灌满整个系统，通过每个连接点确定是否被充满。充满后，浸泡 24 h 以上后排空系统，最后用清水彻底冲洗干净。

②封闭的饮水乳头或饮水杯，可先拆卸下来，清理污染物。用碱性化合物或过氧化氢去除有机污物（如细菌、藻类、霉菌等）。用酸性化合物去除无机物（如盐类、钙化物等）。开放的饮水系统用清洁液浸泡 2～6 h 后，冲洗干净。

③饮水系统每周至少清洗消毒 1 次，炎热天气增加次数。

6. 带鸡消毒

（1）带鸡消毒宜在中午前后，冬季选择在天气好、气温高的中午进行。

（2）消毒液可选用 0.015％～0.025％癸甲溴铵溶液、0.1％～0.2％过氧乙酸溶液、0.1％新洁尔灭溶液或 0.2％次氯酸钠溶液等。

（3）密封鸡舍及多层笼的鸡舍宜选用 50～60 μm 直径的雾粒。

（4）消毒的原则是先上后下、从后至前。消毒喷头应距离鸡 1.5～2 m 均匀喷洒，使物体表面或鸡羽毛呈微湿状态。

（5）消毒时，需要临时关闭通风设备。

（6）日常带鸡消毒每周可进行 2～3 次，有疫情后每日一次；带鸡消毒不应该在鸡群接种疫苗前后的 2 d 内进行。

7. 垫料消毒

（1）可将垫料放在烈日下，暴晒 2～3 h，少量的垫料可用紫外线灯照射 1～2 h。

（2）在进鸡前 3 d，对垫料进行消毒，消毒液可选 10％癸甲溴铵溶液、0.2％过氧乙酸溶液或 0.1％新洁尔灭溶液。

（3）污染的垫料可与粪便堆积进行生物热发酵消毒，或喷洒含 10 000 mg/L 有效氯的含氯消毒液，60 min 后深埋。

8. 粪尿、污水处理消毒

（1）堆粪生物热发酵消毒法

①选择在距离养殖场 100～200 m 外的地方挖宽 3 m、两侧深 25 cm、向中间稍微倾斜的浅坑，坑底用黏土夯实，长度根据粪便量确定。

②坑底铺一层 25 cm 厚的干草，然后将粪便堆积在干草上，粪便可掺 10％的稻草。用树枝或小木棍横架在坑上，保

持空气流通。

③粪堆高 1.5 m 左右，粪堆表面覆盖 10 cm 厚的稻草，在外边封盖 10 cm 厚的泥土，根据季节不同，堆放 3~10 周。

（2）发酵池生物热消毒法

①选择距离养殖场、居民区、河流、水源地 200 m 以外的地方建设发酵池。

②先在发酵池底部堆积一层干草或秸秆，然后在上方堆积粪便，快满时，在粪堆表面覆盖 10 cm 厚的稻草，在外边封盖 10 cm 厚的泥土，根据季节情况，发酵 1~3 个月。

（3）污水处理消毒　先将污水处理池出水管关闭，将污水引入污水池，加入消毒剂进行消毒。将含 80~100 mg/L 有效氯的含氯消毒液投入污水中，搅拌均匀，作用 1~1.5 h。检查余氯为 4~6 mg/L 时，即可排放。

9. 兽医器械及用品消毒

（1）兽医诊室保持干净卫生，日常采用紫外线照射或熏蒸消毒或用 0.2%~0.5% 过氧乙酸对地面、墙壁、屋顶喷洒消毒。每周至少 3 次。

（2）当诊室进行过患病动物的诊治后，应立刻消毒。

（3）诊疗器械及用品应根据类型进行高压灭菌或浸泡、擦拭灭菌。

10. 发生疫病的消毒和无害化处理

（1）当养殖场或养殖场周边发生地方政府认定的重大动物疫病疫情时，被地方政府划定为疫区、疫点或受威胁区时，应按照《动物防疫法》规定执行控制措施。

（2）养殖场发生国家规定的无须扑杀的疫病时，应及时采取隔离、淘汰和治疗措施，并加大场区道路、鸡舍周围、带鸡消毒的频率。

（3）鸡场的病死鸡应按照《病死及病害动物无害化处理技术规范》（农医发〔2017〕25 号）的规定进行无害化处理和消毒。

11. 消毒效果评价

按照《消毒技术规范》（卫法监发〔2002〕282 号）的规定，对消毒后的理化指标、杀灭微生物效果指标和毒理指标进行检验。

12. 消毒记录

消毒记录应包括消毒日期，消毒剂名称、主要成分、含量、生产厂家、生产批号，消毒方法，消毒人员签字等内容，至少保存 2 年。

13. 消毒人员的防护

（1）消毒人员必须进行必要的消毒防护培训，按说明正确使用消毒器材和消毒剂。

（2）消毒人员消毒时应佩戴必要的防护用具，如手套、面罩、口罩、防尘镜、雨鞋等。

（3）喷雾消毒时，消毒人员应倒退逆风而行，顺风喷雾。

（4）当消毒液不慎溅入眼中或皮肤黏膜，应立刻用大量清水冲洗直至症状消失，严重者迅速就医。

一、蛋鸡常见疾病

蛋鸡常发疾病可分为病毒性疾病、细菌性疾病、其他微生物引发的疾病、寄生虫病及中毒病等。

（一）病毒性疾病

1. 鸡新城疫

鸡新城疫又称"亚洲鸡瘟"，是由新城疫病毒引起的一种急性、烈性、高度接触性传染病。主要特征是发热、严重下痢、呼吸困难、精神紊乱、黏膜和浆膜出血，发病快、死亡率高，是目前对养鸡业危害严重的一种传染病。

病原：新城疫病毒属副黏病毒科副黏病毒属。病毒对热抵抗力强，对 pH 的适应范围广，对消毒剂的抵抗力较弱，2%氢氧化钠、1%来苏儿、1%～3%甲醛、1%碘酊、70%酒精均可在数分钟内将其灭活。病毒在未消毒的密闭鸡舍内，秋冬季节连续 8 个月仍有传染性。

流行特点：病毒主要经消化道和呼吸道传播，流行无季节性，各日龄的鸡都能感染，主要传染源是病鸡、带毒鸡和死鸡。病鸡从口鼻分泌物和粪便中能排出病毒，被病毒污染的物品和疫病流行过后的带毒鸡，是造成本病流行的主要原因。

临床表现：本病潜伏期一般 1～3 d。最急性型，病鸡常常没有任何症状而突然死亡。急性型，大多属于这一类型，主要表现为食欲废绝、精神委顿、闭目、尾垂、呆立、呼吸困难、嗉囊积液，将病鸡倒提，从口中流出大量积液，粪便稀薄呈黄绿色，蛋鸡产蛋减少或停止。慢性型，多由急性型转化而来，病初与急性型相同，症状轻，不久出现神经症状，跛行、两翅下垂、转圈、头向后仰或扭向一侧。成年蛋鸡表现为产蛋量急剧下降，软蛋明显增加。

防控措施：①防止鸡新城疫流行的根本办法是杜绝病原侵入鸡群，因此要加强饲养管理，严格执行卫生消毒措施，严禁一切带毒动物（如观赏鸟、野鸟、鸽、鹌鹑等，特别是病鸡）及其产品，以及被病毒污染的物品进入鸡场。饲养人员不得接触禽类及产品，不得进入集贸市场。②根据抗体检测结果科学指导免疫。在 60～70 日龄、100～110 日龄、160 日龄进行新城疫抗体检测，了解免疫效果。③一旦感染，要求采取严格封锁、隔离、消毒、扑杀和紧急预防接种等综合措施，可及时注射鸡新城疫高免卵黄抗体或用 4 倍量Ⅳ系疫苗紧急预防接种。

2. 鸡传染性法氏囊病

本病是雏鸡的一种急性、高度接触性病毒性疾病，以 3～6 周龄的鸡最易感，多发季节为 4～6 月。其特点是发病急、感染率高、病程短、死亡率高，容易造成免疫抑制。

病原：传染性法氏囊病病毒属禽双股 RNA 病毒，无囊膜。病毒对热稳定（60℃，30 min），在 pH 3～9 的条件下，经乙醚或氯仿处理均不丧失活性。病毒在自然界存活时间长，在病鸡舍内的病毒可存活122 d。

流行特点：所有品种的鸡均可感染，仅发生于2～15周的鸡，3～6周龄为高发期。病原主要通过粪便排出体外，污染饲料、饮水和环境，这些被污染的水、饲料经鸡的消化道、呼吸道和眼结膜等感染；各种用具、人员及虫类（昆虫、老鼠）也可以携带病毒，扩散传播。

临床表现：雏鸡群突然大批发病，2～3 d可波及60%～70%的鸡，发病后3～4 d死亡达高峰。表现为精神不振，厌食、饮水增加，排水性稀粪，震颤和重度虚弱。剖检变化以脱水、骨骼肌出血、肾小管尿酸盐沉积和法氏囊黄色胶冻样水肿、出血为特征。由于出现免疫抑制现象，因此易并发或继发感染其他疾病。

防控措施：①加强饲养管理，做好清洁和消毒工作。病毒对乙醚、氯仿、酚类、升汞和季铵盐类消毒剂等都有较强抵抗力，但对含氯消毒剂、含碘消毒剂、甲醛比较敏感。②预防接种：一方面要提高种鸡的抗体水平，另一方面对雏鸡做好预防接种，根据雏鸡的母源抗体水平确定雏鸡的首免时间，首免后7～10 d进行二免。③发病鸡群的防治：一是降低饲料中的蛋白含量，提高维生素的含量，饮水中加入5%的糖或补液盐；二是使用中药配合抗生素治疗；三是发病早期用传染性法氏囊病高免血清或高免卵黄抗体及时注射。

3. 鸡传染性支气管炎

本病是由鸡传染性支气管炎病毒（IBV）引起的一种急性、高度接触性呼吸道疾病。本病可引起雏鸡的死亡，产蛋鸡产蛋量下降50%以上，并出现大量的畸形蛋，是威胁蛋鸡产业的常见疾病之一。1991年以来，我国又发生了肾型和腺胃型传染性支气管炎（以下简称"传支"），给养鸡业造成了很大的危害。

病原：传染性支气管炎病毒属于冠状病毒，对环境抵抗力不强，对低温有一定抵抗力，对普通的消毒水敏感。血清型有30多个，易变异。

流行特点：各种日龄的鸡均易感，但5周龄的感染鸡只症状尤为明显，死亡率高达15％～19％。多发于秋季至次年春末，冬季最严重。传播方式主要通过空气传播。人员、用具、鸡污染的饲料也是传播媒介。本病传播迅速，1～2 d波及全群。

临床表现：雏鸡突然流鼻涕、打喷嚏、咳嗽、呼吸困难，病鸡缩头闭目、垂翅挤堆；产蛋鸡表现轻微的呼吸困难、咳嗽，发病第2天产蛋量下降，1～2周可下降一半，并产软蛋、畸形蛋。肾型传支多发于20～50日龄的鸡，除有呼吸道症状外，还有肾炎和肠炎；肾型传支症状呈二相性：第一阶段表现呼吸道症状，几天后消失；第二阶段开始排白绿色稀粪，含有大量尿酸盐，病程较长，一般达2周之久。

防控措施：①加强饲养管理，做好卫生消毒：病毒对外界抵抗力不强，56℃ 15 min死亡，但在低温下可存活很长时间。对一般消毒液都敏感。②免疫接种：一般情况下，1周龄用H120疫苗首免，4周龄用H52疫苗加强免疫，或用油乳剂灭活苗免疫。发生肾型传支的地区在5～7日龄用Ma5疫苗免疫，18日龄用当地分离株制备的油乳剂灭活苗免疫，26～28日龄用Ma5疫苗饮水免疫。③鸡群发病期间，适当提高鸡舍内温度，饮水中添加抗菌药物、电解质、维生素和化痰止咳药物，可有效缓解症状，降低发病率和死亡率。

4. 鸡痘

本病是由鸡痘病毒引起的一种急性、高度接触性传染病，特征是皮肤、口腔和喉部黏膜上发生痘疹。在大型养鸡场易造成流行。

病原：鸡痘病毒属于痘病毒。本病毒对外界环境的抵抗力比较强，皮屑中的病毒在完全干燥的环境下可存活数周，在低温条件下也可长期存活。但游离病毒在 1‰氢氧化钠溶液、10‰醋酸中可被快速杀灭。垫料、病死鸡中的病毒可以通过堆肥发酵杀灭。

流行特点：养殖密度过大、舍内空气流通不畅、鸡群营养不良、个别鸡有啄癖、蚊虫叮咬都是诱发本病的因素。特别是蚊虫的叮咬是本病传播的主要途径。多发于春秋两季。

临床表现：①皮肤型：在鸡冠、肉髯、面部、眼睑、嘴角、肛门周围无毛区，形成一种灰白色或黄白色水疱样病灶，干燥后形成结痂。②黏膜型：在病鸡的口腔、气管、食道黏膜形成黄色结节，结节融合形成假膜，撕去假膜露出出血的溃疡面。③混合型：皮肤型和黏膜型同时发生。

防控措施：①鸡舍要定期消毒，特别是秋季，及时驱蚊、蝇等。②免疫：预防接种采用翅下刺种的方法。10～20 日龄第一次免疫刺种，产蛋前 1～2 个月第二次免疫刺种。该病的高风险地区可以重复接种。

5. 禽流感

本病是由 A 型禽流感病毒引起的一种禽类传染病。本病毒主要侵害禽的呼吸系统和生殖系统。由于病毒的毒力不同，造成的伤害也不同，有的呈高致死率，有的表现呼吸系统病变，有的呈隐性感染。该病危害巨大，给养禽业造成了巨大的损失。

病原：禽流感病毒属于甲型流感病毒，有囊膜。有 16 个 H 亚型和 9 个 N 亚型。高致病的有 H5、H7 亚型，低致病的主要有 H9N2 等亚型。常用的消毒液均能快速杀灭病毒。

流行特点：各日龄的鸡均易发病，冬末春初，冷空气活动频繁，气温忽高忽低，易诱发本病。本病主要通过呼吸道传播。

防控措施：禽流感病毒不仅作为人流感最大的基因库而间接危害人类健康，还可能作为新病原而成为人类直接面临的最大威胁之一，因此要特别重视禽流感病毒的公共卫生学意义。①做好鸡场生物安全防控，避免病毒传入蛋鸡场。完善人员、物品、车辆等消毒设施，制定和落实管理制度；设立防鸟网和防鼠板等，定期灭鼠灭蚊蝇。定期对养殖场全面彻底消毒，批次养殖之间要彻底消毒所有设备、设施，增加密闭消毒。②免疫：雏鸡 15～20 日龄时，使用重组禽流感（H5＋H7）三价苗进行首免，0.3 mL/只；50～60 日龄进行二免，0.5 mL/只；120～130 日龄进行三免，0.8～1 mL/只。③对鸡群的免疫情况进行跟踪监测，在免疫失效时进行补充免疫。④制定疾病应急处理措施，发现发病症状及时隔离，对染病鸡使用的器具和圈舍全面消毒。一旦出现严重的发病死亡情况，应及时向上级主管部门报告。

6. 禽白血病

禽白血病是由禽白血病病毒引起的禽类多种肿瘤性疾病的统称，俗称"大肝病"。主要是淋巴细胞性白血病，其次是成红细胞性白血病、成髓细胞性白血病。此外还可引起骨髓细胞瘤、结缔组织瘤、上皮肿瘤、内皮肿瘤等。大多数肿瘤侵害造血系统，少数侵害其他组织。

病原：禽白血病病毒是反转录病毒科中禽反转录病毒属白血病/肉瘤病病毒群中的一个成员。病毒主要存在于感染禽的血液、羽毛囊、泄殖腔、生殖道、卵清、胚胎及胎粪中。本病毒对理化因素抵抗力差，尤其对热抵抗力弱。

流行特点：传染源是病鸡和带毒鸡。有病毒血症的母鸡，其整个生殖系统都有病毒繁殖，以输卵管的病毒浓度最高，特别是蛋白分泌部，因此其产出的鸡蛋常带毒，孵出的雏鸡也带毒。这种先天性感染的雏鸡常有免疫耐受现象，它不产生抗肿瘤病毒抗体，长期带毒排毒，成为重要传染源。雏鸡带毒排毒现象与接触感染时雏鸡的年龄有很大关系。雏鸡在 2 周龄以内感染这种病毒，发病率和感染率很高，存活的母鸡会终生带毒，产下的蛋带毒率也很高。4～8 周龄雏鸡感染后发病率和死亡率大大降低，其产下的蛋也不带毒。10 周龄以上的鸡感染后不发病，产下的蛋也不带毒。

防控措施：①净化鸡群重点是在原种鸡场、种鸡场。控制鸡白血病从建立无鸡白血病的净化鸡群着手，即每批即将产蛋的鸡群，经 ELISA 或其他血清学方法检测，对阳性鸡进行一次性淘汰。种鸡群经三四代淘汰后，鸡群的鸡白血病将会显著降低，并逐步消灭。②加强鸡舍孵化、育雏等环节的消毒工作，特别是育雏期（最少 1 个月）进行封闭隔离饲养，并实行全进全出制。

（二）细菌性疾病

1. 鸡白痢

本病是由鸡白痢沙门氏菌引起的一种传染病。雏鸡呈急性败血性病变，表现为肠炎性灰白色下痢。成年鸡以慢性、隐性感染为主。

病原：鸡白痢沙门氏菌，属于革兰氏阴性菌，对干燥、日光有一定的抵抗力，在外界条件下可存活数周或数月，对化学消毒剂抵抗力弱。

流行特点：垂直传播是本病的主要方式，也可以通过消化道、呼吸道等传播。不同品种、年龄的鸡均易感。没有明显的季节性，冬春季雏鸡易发。

防控措施：①挑选健康的种鸡、种蛋，建立健康鸡群，坚持自繁自养，从外地引进种蛋要慎重。需要购进鸡苗的饲养场（户）要了解对方的疫情状况，与孵化场签订诚信合同，防止病原菌侵入本场。②加强鸡舍的卫生管理和消毒工作，常用的消毒液如季铵盐类、氯制剂等都可以杀灭该菌。养鸡场定期消毒，保持鸡舍清洁、干燥，饲料槽、饮水器每天清洗 1 次，防止被鸡粪污染。养鸡场地、垫料要在养完 1 批后彻底清除 1 次。③健康鸡群应定期通过全血平板凝集反应进行全面检疫，淘汰阳性鸡和可疑鸡。④在鸡饲料里添加微生态制剂、中药制剂可预防本病的发生。发病时，可使用磺胺类、四环素类、喹诺酮类药物预防和治疗。最好在确定病原的基础上，进行药敏试验，选择敏感的药物。

2. 鸡伤寒

本病是由鸡伤寒沙门氏菌引起的青年鸡、成年鸡的一种败血型传染病。主要表现为肝脏肿大、呈铜绿色，以及下痢。

病原：鸡伤寒沙门氏菌，属于革兰氏阴性菌。该病原在加热（60℃10 min）、日光直射下几分钟即被杀死；如在黑暗处的水中可存活 20 d；死于鸡伤寒的鸡，3 个月后还能在其骨髓中分离到强毒力的鸡沙门氏菌。对化学消毒剂抵抗力弱。

流行特点：各种日龄的鸡均易发。病鸡和带菌鸡是感染源，感染途径较多，主要通过消化道、眼结膜传播。本病可垂直传播。

防控措施：①严防各种动物进入鸡舍，并防止其粪便污染饲料、饮水及养鸡环境。②种蛋及孵化器要认真消毒，出雏时不要让雏鸡在出雏器内停留过久。③其他预防措施参照鸡白痢。

3. 鸡大肠杆菌病

鸡大肠杆菌病是由致病性大肠杆菌引起的一种细菌性传染病，是危害蛋鸡养殖业的重要疾病。病鸡主要表现为精神不振、离群呆立、羽毛松乱、两翅下垂、下痢等。本病可呈现出肠炎、呼吸道炎、气囊炎、输卵管炎、眼炎、神经炎、关节炎等症状。

病原：病原为致病性大肠杆菌，该菌血清型众多。在自然界和生物体中普遍存在，属于条件致病菌。在污水、粪便、尘埃中可存活数月之久，对普通的化学消毒药敏感。

流行特点：各个日龄的鸡、不同的季节均易感。环境变化、温度过低易发生，冬季和雨季多发，常与慢性呼吸道疫病、新城疫、禽流感、球虫病等疾病混合感染。病鸡和带菌鸡是传染源，通过污染的饮水、饲料、蛋壳、灰尘、用具等传播，也可通过消化道、呼吸道、生殖道传播。

防控措施：①挑选健康的种鸡、种蛋，建立健康鸡群，坚持自繁自养，从外地引进种蛋要慎重。需要购进鸡苗的饲养场（户）要了解对方的疫情状况，与孵化场签订诚信合同，防止病原菌侵入本场。②调整禽群密度，加强空气流通，搞好饲料营养、饮水卫生等，养鸡场定期清扫和消毒，保持鸡舍清洁、

干燥，饲料槽、饮水器每天清洗 1 次，饮水管线每周消毒
1 次。③受本病污染严重的鸡场，可使用大肠杆菌油佐剂灭活
苗接种。④及时发现，及时治疗，本菌对 β-内酰胺类（氨苄
西林、阿莫西林等）、喹诺酮类（环丙沙星、恩诺沙星等）、磺
胺类、四环素类等药物均敏感。大肠杆菌易产生耐药性，可进
行药敏试验，选择敏感药物进行治疗。

4. 鸡传染性鼻炎

本病是由副鸡嗜血杆菌引起的鸡的急性呼吸系统疾病。主
要引发鸡的鼻窦炎，病鸡表现为流鼻涕、脸肿胀和打喷嚏。

病原：副鸡嗜血杆菌，属于革兰氏阴性菌。本菌抵抗力
弱，在自然环境几小时就会死亡，对热和消毒液敏感。

流行特点：各种年龄的鸡均可感染发病，老龄鸡最严重。
病鸡和隐性感染鸡是传染源，主要通过飞沫、灰尘经呼吸传
播，也可通过污染的饲料和饮水传播。若鸡舍通风不良、氨气
浓度过高，维生素 A 缺乏及管理不当引起鸡免疫力下降时，
引起发病。多见于秋冬季节。

防控措施：①加强管理，勤通风，使鸡舍保持良好的空气
质量；严格消毒；冬春两季，饲料里可添加维生素 A 和黄芪
多糖提高机体免疫水平。②副鸡嗜血杆菌对磺胺类药物非常敏
感。发生本病时，磺胺类药物是首选。③免疫：$35\sim40$ 日龄
的鸡首免鸡传染性鼻炎油佐剂灭活苗，$100\sim110$ 日龄二免。

（三）其他微生物引发的疾病

1. 鸡支原体病

本病是由鸡支原体引发的一类传染病。其中鸡毒支原体

（MG）引起鸡的呼吸道病变，表现为咳嗽、喷嚏、气管啰音和鼻炎，产蛋鸡产蛋量下降，对蛋鸡的影响巨大；滑液囊支原体（MS）主要引起鸡滑液囊炎，表现为跗关节肿胀、跛行、鸡冠苍白、浅绿色粪便，粪便中含有大量尿酸盐。

病原：支原体用革兰氏染色不易着色，用姬姆萨染色为淡紫色。支原体对外界抵抗能力弱，对热、干燥敏感，对75%乙醇、煤酚皂溶液敏感。

流行特点：本病可垂直传播、交配传播和接触传播。可通过带菌鸡的喷嚏污染饲料和饮水而传播本病。常常与大肠杆菌合并感染。气雾免疫时，也可诱发本病。

防控措施：①种鸡场定期进行血清抗体检测，淘汰阳性鸡。种蛋的消毒：减少经蛋传播的可能。种蛋收集进贮藏库之前用甲醛蒸气消毒，孵化前将温度为37℃的孵化蛋浸于冷的（1.7～4.4℃）的泰乐菌素或红霉素溶液，浓度为400～1 000 mg/L，历时15～20 min，取出晾干后孵化。②淘汰病鸡群，彻底清理、消毒鸡舍和用具，重新饲养。③强化鸡舍环境卫生，定期开展带鸡消毒，保持鸡舍内空气新鲜，避免各种应激发生。④免疫接种：可选用鸡毒支原体和滑液囊支原体二联灭活苗，于3周龄和10周龄进行两次注射。⑤鸡群发现该病时，可选择大环内酯类（泰乐菌素、泰万菌素、替米考星等）、四环素类（多西环素等）、截短侧耳素类（泰妙菌素）等进行治疗。

2. 衣原体病

本病是由鹦鹉热亲衣原体引起的一种人畜共患传染病。发病初期病鸡精神萎靡、不食、羽毛蓬乱，接着排稀薄、绿色或白石灰样粪便，肛门沾有大量粪便。有的病鸡出现眼睑肿胀、流泪等结膜炎症状。部分耐过鸡生长受阻，产蛋鸡产蛋量下降。

病原：衣原体是介于立克次体和病毒之间的一种病原微生物，以原生小体和网状体两种独特形态存在。衣原体对能影响脂类成分或细胞壁完整性的化学因子非常敏感，容易被表面活性剂如季铵盐类化合物和脂溶剂等灭活。70%酒精、3%过氧化氢（双氧水）、碘制剂消毒液和硝酸银等几分钟便可将其杀死。

流行特点：衣原体病主要通过空气传播，也可经口感染。本病多发于秋冬和春季。当饲养管理不善、营养不良、阴雨连绵、气温突变、禽舍潮湿、通风不良时，均能增加该病的发生率和死亡率。

防控措施：①本病属于人畜共患的自然疫源性疾病。人感染后表现为全身虚弱、体温升高、头痛、出汗、恶心、呕吐、咳嗽等症状。饲养人员必须增强本病的防护意识。②发生本病时，建议群体淘汰，鸡舍和用具彻底消毒，病死鸡做无害化处理。③发病鸡口服抗生素能够明显地降低死亡率，但治愈的康复鸡可能成为带毒者。其对多西环素类和红霉素类比较敏感。可采用先用药 4 d，停药 3 d，再用药 3 d 的治疗方案。

（四）寄生虫病

1. 鸡球虫病

本病是由一种或者多种球虫寄生于鸡肠道黏膜上皮细胞内引起鸡的一种急性、流行性原虫病。该病易发于 15～50 日龄的雏鸡，死亡率高，耐过鸡生长迟缓、发育不良。临床表现为精神沉郁、羽毛松乱、缩头弓背、翅膀下垂、呆立一角、食欲减少、排水样稀粪或血便。柔嫩艾美耳球虫主要寄生于盲肠，肉眼病变为盲肠两侧明显肿胀，肠黏膜出血呈暗红色、黏膜脱落、肠道内有黄白色干酪样物质，发病 4～6 d 后，盲肠萎缩；毒害艾美耳球虫主要侵害小肠中部，表现为肠管扩张，肠壁松弛增厚，有明显的坏死灶，黏膜表面有小出血点和白色斑点。

病原：病原为艾美耳球虫，感染鸡的艾美耳球虫有 7 种。不同种类的球虫，在肠道内寄生的位置也不同：柔嫩艾美耳球虫寄生在盲肠，毒害艾美耳球虫寄生在小肠中段 1/3 处，堆型艾美耳球虫寄生于小肠前端等。球虫孢子化卵囊对外界环境及常用消毒剂有极强的抵抗力，一般的消毒剂不易破坏，在土壤中可保持生命力达 4～9 个月，在有树荫的地方可达 15～18 个月。

流行特点：各个品种的鸡均易感，15～50 日龄的鸡发病率和致死率都较高，成年鸡对球虫有一定的抵抗力。病鸡是主要传染源，凡被带虫鸡污染过的饲料、饮水、土壤和用具等都有卵囊存在。鸡感染球虫的途径主要是吃了感染性卵囊。人及其衣服、用具等以及某些昆虫都可成为机械传播者。饲养管理条件不良，鸡舍潮湿、拥挤，卫生条件恶劣时最易发病。在潮湿多雨、气温较高的梅雨季节易暴发球虫病。

防控措施：①保持鸡舍干燥、通风良好，注意鸡场卫生，定期清除粪便和垫料，堆放发酵以杀灭卵囊。保持饲料、饮水清洁，笼具、料槽、水槽定期消毒，一般每周一次，可用沸水、热蒸汽或 3%～5% 热碱水等处理。②病鸡和康复鸡均能长期带虫，持续排放卵囊，因此这些鸡必须与新养雏鸡分开饲养。③加强饲养管理，补充维生素 A、复合维生素 B 均有利于预防球虫病，补充维生素 K 有利于缓解肠道出血损伤。④受球虫危害严重的地区，可以使用球虫疫苗，蛋鸡在 3、10、20

日龄进行 3 次免疫。⑤科学选药、用药，在不同的生长阶段使用不同的抗球虫药物，不同批次的鸡使用不同的抗球虫药物。球虫病流行的鸡场，应从雏鸡 15 日龄开始用预防剂量连续服用 1～1.5 个月。常用的预防用药为马杜拉霉素、盐霉素、氯苯胍等。

球虫病治疗的原则是早发现、早治疗。常用的治疗药物有二硝托胺（球痢灵）、氨丙啉、磺胺二甲嘧啶、磺胺喹噁啉、磺胺氯吡嗪钠、地克珠利、妥曲珠利等。在治疗过程中，饲料里添加维生素 A 和维生素 K_3 可降低盲肠球虫的死亡率，在鸡群发病时要控制麸皮和碳酸钙用量，因这些饲料能促进球虫的发育。

2. 鸡住白细胞原虫病

本病是由住白细胞原虫寄生于鸡的白细胞和红细胞所引起的一种血孢子虫病，又称白冠病。多发于雏鸡，雏鸡感染后临床表现为贫血、鸡冠苍白、流涎、排黄绿色稀粪，死亡率高，青年鸡和成鸡感染后表现较轻，青年鸡发育迟缓，蛋鸡产蛋量下降。

病原：我国发现有卡氏住白细胞原虫和沙氏住白细胞原虫。生活史有三个阶段，孢子生殖在昆虫体内（库蠓、蚋），裂殖生殖在鸡的组织器官内，配子生殖是在鸡的末梢血液或组织完成。

流行特点：本病依靠吸血昆虫库蠓和蚋传播，因此有明显的季节性，北方多发于 7—9 月，南方多发于 4—10 月。

防控措施：①在本病流行季节，要注意消灭传播媒介，用 0.1% 除虫菊酯喷洒鸡舍周围，每隔 6～7 d 喷洒一次，杀灭库蠓和蚋，也可以在鸡舍纱窗上喷洒 6%～7% 马拉硫磷，防止库蠓和蚋进入鸡舍。②流行季节,在饲料里添加 0.012 5% 氯羟吡啶或 0.005% 磺胺喹噁啉,可预防本病。

3. 鸡羽虱

鸡羽虱是一种常见的鸡体外寄生虫,种类很多,寄生在鸡体上的数量也很多,在寒冷季节更是严重。严重时使宿主不得安宁,发育停止。

病原:羽虱体小,雄虫体长 1.7～1.9 mm,雌虫 1.8～2.1 mm。头部有赤褐色斑纹,主要寄生在鸡、珍珠鸡、鸭等家禽的羽轴上,以羽毛和皮肤分泌物为食。

流行特点:一年四季均可发生,秋冬两季最多发。接触感染,传播迅速,散养鸡高发。羽虱白天藏伏于墙壁、栖架、产蛋箱的缝隙及松散干粪等处,并在这些地方产卵繁殖;夜晚则成群爬到鸡身上叮咬吸血,每次一个多小时,吸饱后离开。成虫能耐饥饿,不吸血状态可生存 82～113 d。

临床特征:羽虱繁殖迅速,以羽毛和皮屑为食。鸡因啄痒而伤及皮肉,羽毛脱落,日渐消瘦,产蛋量减少。雏鸡生长发育受阻,甚至由于体质衰弱而死亡。

防控措施:①彻底打扫鸡舍,清除出陈旧干粪、垃圾杂物,能烧的烧掉,其余用杀虫药液充分喷淋,堆到远处。杀虫药有高效氯氰菊酯、高效氯氟氰菊酯、2.5% 溴氰菊酯(敌杀死)或 0.25%～0.5% 敌百虫水溶液等。②对羽虱栖息处,包括墙缝、网架缝、产蛋箱等,用上述杀虫药液喷至湿透,间隔1周再喷一次,注意不要喷进料槽与水槽。③沙浴法:在运动场挖一浅坑,用 10 份黄沙和 1 份硫黄粉混匀放入坑中,让鸡在坑中沙浴。

（五）中毒病

1. 霉菌毒素中毒

饲料由于天气原因或者贮存不当发生霉变，会产生多种霉菌毒素，当鸡吃了霉变的饲料引发霉菌毒素中毒。雏鸡对霉菌毒素非常敏感，多为急性中毒，无明显变化，突然死亡。病程长的，食欲不振、生长迟缓、腹泻、贫血、排稀粪。育成鸡和产蛋鸡多为慢性中毒，发育迟缓、开产推迟，产蛋量下降、孵化率低。剖检：肝脏坏死、胆管增生、心包积液。

防控措施：①立即更换饲料。②饲料储存场所用化学制剂熏蒸消毒。③鸡群发生中毒后，立刻采取保肝护胆、保护肠胃措施。可在饮水中加入 0.01% 维生素 C。

2. 磺胺类药物中毒

在治疗鸡病时，磺胺药使用剂量过大或使用时间过长时可引起磺胺药中毒。雏鸡中毒后表现精神沉郁，食欲减退，生长迟缓，皮肤、肌肉、脏器出血；产蛋鸡表现为产蛋量明显下降，产软壳蛋、蛋壳变薄、鸡蛋外表粗糙、蛋色减退。

防控措施：①严格按照药品说明使用磺胺类药，1 月龄内的雏鸡尽量不用磺胺类药，产蛋鸡禁止使用磺胺类药物。②发生中毒，立刻停药，供给含 1%～2% 碳酸氢钠和 0.01% 维生素 C 的饮水。

二、蛋鸡疾病防控管理

蛋鸡养殖场要有健全的动物防疫体系，通过控制传染病的三个关键要素（传染源、传染途径、易感动物）来防控疾病的传播。

1. 建立完善的防疫设施

（1）隔离设施　鸡场与周围环境、场区生活区与生产区、不同功能的生产区之间必须要有隔离设施，同时应设置明显的防疫标识。

（2）消毒设施　消毒是生物安全体系中重要的环节，也是养殖场控制疾病的重要措施。一方面消毒可以减少病原进入养殖场或蛋鸡舍；另一方面消毒可以杀灭已进入养殖场或蛋鸡舍内的病原，总体减少了蛋鸡周边病原的数量，减少了蛋鸡被病原感染的机会。养殖场的消毒包括进入人员、设备、车辆消毒，养殖场环境消毒，蛋鸡舍消毒，水和饲料消毒以及带鸡消毒等。

（3）兽医室　养鸡场应设置兽医室，兽医室必须与生产区有效隔离。

（4）无害化处理设施　养鸡场应对污染的水、饲料、粪便、病死鸡等污染物进行无害化处理。

2. 完善的蛋鸡防疫制度

（1）严格执行政府强制免疫计划和实施方案，按照规定做好强制免疫病种的免疫工作。

（2）按照合理的免疫程序给鸡群做好免疫工作。

（3）严格按照疫苗说明书进行保存、使用疫苗。

（4）按照程序，按需领取国家免费提供的强制免疫疫苗。

（5）定期给鸡群进行主要病种的抗体检测，查漏补缺。

（6）按照规定做好免疫记录，填写免疫接种卡。

（7）出售或转移鸡只时，货主应当按照国务院农业农村主管部门的规定向所在地动物卫生监督机构申报检疫。动物卫生监督机构接到检疫申报后，应当及时指派官方兽医对动物、动物产品实施检疫。检疫合格的，出具检疫证明、加施检疫标志。实施检疫的官方兽医应当在检疫证明、检疫标志上签字或者盖章，并对检疫结论负责。

3. 动物疫情报告制度

《动物防疫法》规定，从事动物疫病监测、检测、检验检疫、研究、诊疗以及动物饲养、屠宰、经营、隔离、运输等活动的单位和个人，发现动物染疫或者疑似染疫的，应当立即向所在地农业农村主管部门或者动物疫病预防控制机构报告，并迅速采取隔离等控制措施，防止动物疫情扩散。其他单位和个人发现动物染疫或者疑似染疫的，应当及时报告。

接到动物疫情报告的单位，应当及时采取临时隔离控制等必要措施，防止延误防控时机，并及时按照国家规定的程序上报。

动物疫情由县级以上人民政府农业农村主管部门认定。其中重大动物疫情由省、自治区、直辖市人民政府农业农村主管部门认定，必要时报国务院农业农村主管部门认定。

在重大动物疫情报告期间，必要时，所在地县级以上地方人民政府可以作出封锁决定并采取扑杀、销毁等措施。

第 七 章

蛋鸡场免疫管理

一、禽用疫苗接种质量管理规范

蛋鸡场的免疫要严格按照《禽用疫苗接种质量管理规范》（GVP）执行。从疫苗接种前的准备，接种和接种后的评估，到全过程标准操作，保证禽用疫苗接种的安全、有效。

二、禽用疫苗的管理制度

1. 疫苗的采购和接收

（1）采购有良好口碑、管理规范的公司的疫苗，采购的疫苗应符合国家疫苗质量规定，适应本地的蛋鸡的免疫要求。

（2）疫苗运输环境要符合疫苗冷链的运输要求。

（3）库管员应逐批、逐品种核对疫苗信息。包括疫苗名称、生产单位、批准文号、生产日期、有效期、种类、数量、包装完整性、疫苗性状等。

（4）填写《疫苗质量核对记录表》（表7）。接收合格疫苗，如果异常，拒绝接收。

表 7　疫苗质量核对记录表

<table>
<tr><td colspan="10" align="center">疫苗质量核对记录表</td></tr>
<tr><td rowspan="3">日期</td><td rowspan="3">疫苗名称</td><td>运输方式</td><td colspan="3">疫苗信息</td><td colspan="3">疫苗质量</td><td rowspan="3">核对是否合格</td></tr>
<tr><td>冷链运输是否正常</td><td>疫苗标签是否清晰</td><td>疫苗批准文号是否准确</td><td>是否在有效期</td><td>外包装是否完整</td><td>疫苗瓶是否完整</td><td>疫苗物理性状是否正常</td></tr>
<tr><td></td><td></td><td></td><td></td><td></td><td></td><td></td></tr>
</table>

2. 疫苗出入库

（1）合格的疫苗，按照疫苗保存条件进行保存入库。填写《疫苗出入库登记表》。

（2）疫苗领用人员要凭借主管领导签字的《疫苗领用申请表》领取疫苗。

（3）疫苗管理员按照《疫苗领用申请表》上的疫苗名称、规格、数量来出库，并填写《疫苗出库管理表》。

3. 疫苗的保存

（1）要有专门的疫苗保存库来保存疫苗，要有性能稳定的设备储存疫苗。应当配备应急的冷藏包、冷藏盒、冰袋等。

（2）不同环境下保存的疫苗分别放在不同的储存设备，每天检查设备的运行状况。

（3）库管员应随时掌握疫苗的有效时间和储存性状。每月盘点库存。

三、免疫前的准备

1. 生物安全

（1）车辆在每次转场前必须彻底消毒，禁止将一个场的物品带入下一个场。

（2）入场人员按照场里的防疫要求进行洗澡，换防疫服、防疫鞋，走专门的消毒通道进场。

（3）入场物品按照浸泡、熏蒸、紫外线照射的方式消毒后方可入场。

（4）免疫后产生的疫苗瓶、针头及其他用具，应先消毒处理后，通过专业通道出场。

（5）免疫人员在免疫完成后，先洗澡再通过专用通道出场。

2. 免疫鸡群健康管理

健康鸡应具备以下特点：

（1）鸡群精神饱满、羽毛光亮、动作敏捷、叫声响亮、个体分布均匀。

（2）鸡粪软硬适中，呈条状或柱状，有少量白色尿酸盐沉积。

（3）鸡群近 3 d 的饮水和采食正常。

四、免疫方式和免疫技术

1. 禽用活疫苗质量管理规范

（1）点眼和滴鼻接种的管理规范

①适用于滴鼻点眼的活疫苗有鸡新城疫活疫苗、鸡传染性

支气管炎活疫苗、鸡新城疫传染性支气管炎二联活疫苗、鸡毒支原体活疫苗、鸡传染性喉气管炎活疫苗等。

②点眼免疫：一手握鸡，用拇指和食指固定鸡头，控制眼睛面水平，滴疫苗的滴头与眼睛保持 1～2 cm 距离，滴一滴落入鸡眼睛，使鸡眨眼或停留 3 s。

③滴鼻免疫：一手握鸡，用拇指和食指固定鸡头，使鸡的一个鼻孔朝下，一个鼻孔朝上，食指堵塞鸡朝下的鼻孔，朝上鼻孔保持水平，滴疫苗的滴头与鼻孔保持 1～2 cm 距离，滴一滴落入朝上的鼻孔内，待鸡吸入疫苗后，将鸡放至指定位置。

④疫苗应现配现用，严格控制使用时间，一般不超过 60 min。

（2）饮水免疫接种

①适用于饮水免疫接种的疫苗有鸡新城疫活疫苗、鸡传染性法氏囊病活疫苗、鸡传染性支气管炎活疫苗和鸡新城疫-鸡传染性支气管炎二联活疫苗等。

②免疫前应清洗饮水管线，检查加药器的运行状态。

③根据当地的环境、天气、鸡群情况控水，夏季一般控水 30 min，凉爽季节控水 1～2 h，成年鸡可以清晨不控水免疫。

④计算免疫鸡群的饮水量，免疫用水一般是每天用水的 30%左右。

⑤先将疫苗稀释后，倒入水箱，搅拌均匀，打开阀门使疫苗液进入水线。

⑥打开水线末端，等有疫苗液流出，关上阀门。

⑦免疫结束，开启直饮水。

（3）刺种免疫接种

①适用于刺种免疫接种的鸡用活疫苗有鸡痘活疫苗、鸡痘禽脑脊髓炎二联活疫苗、鸡传染性喉气管炎鸡痘基因工程苗。

②刺种器接种：首先将疫苗装入刺种器，将鸡的翅膀展开并固定，将刺种器的顶端顶住鸡翅内侧翼膜三角区皮肤，推动手柄使刺种针垂直刺穿翼膜三角区皮肤，松开手柄，刺种针回弹，完成接种。

③刺种针接种：将刺种针放入装有疫苗的刺种杯中，针槽充满疫苗液后，将刺种针轻靠刺种杯内壁，除去附在接种针上多余的疫苗液，将鸡翅固定，将接种针垂直刺穿鸡翅内侧翼膜三角区皮肤，完成接种。

④接种器或接种针严禁接触鸡的羽毛，不能伤及鸡的肌肉、骨骼、关节、神经和血管。如果接种时刺中鸡翼静脉，请马上更换接种器材。

⑤每接种完一瓶疫苗应立刻更换刺种针，保持刺种针的锋利。

（4）气雾免疫接种

①适用于气雾免疫接种的活疫苗有鸡新城疫活疫苗、鸡传染性支气管炎活疫苗、鸡新城疫传染性支气管炎二联活疫苗等。

②喷雾器疫苗桶内加入稀释液，连续按压压力杆，持续加压，调至 0.2MPa，喷头距离地面或垫纸 40 cm，雾滴呈均匀分布。

③将稀释好的疫苗液倒入装有稀释液的量筒，再将量筒内的液体倒入喷雾器的疫苗桶内，使用搅拌棒搅拌均匀。

④计算免疫时间：$T=(B \times W)/(F \times N)$。$B$ 是 1 000 只鸡的倍数，W 是 1 000 只鸡的饮水量（L），F 是喷头流量（一般是 0.64 L/min），N 是喷头数量。

⑤一人在免疫人员面前用木棍轻轻敲打转运盘，使鸡只保持活跃状态，行进速度与免疫人员一致。

⑥免疫人员持续加压维持喷雾器的压力在 0.2MPa。

⑦喷头距离鸡头 40 cm 上方均匀行进，需连续喷洒两遍。

⑧喷雾免疫结束后 10～15 min，再将鸡只放入指定区域。

⑨喷雾免疫的环境要求：温度 28～30℃，相对湿度 70%，光照强度 30 lx，空气良好，无风。

（5）滴口免疫接种

①适用于滴口免疫接种的鸡用活疫苗有鸡传染性法氏囊病活疫苗、鸡新城疫活疫苗。适用于各品种、各日龄的鸡。

②将稀释后的疫苗液装入手柄注射器，排出空气，连续推动手柄 10 次，将疫苗液打入量筒，读取刻度确定注射器的准确性。

③一手握鸡头，拇指和食指挤压鸡喙的两侧，使鸡张嘴，并将鸡头上仰呈 45°。

④推动注射器手柄，让疫苗液滴入鸡口，待鸡吞咽或停留 3 s 后，将鸡放入指定区域。

（6）涂肛免疫接种

①适用于涂肛免疫接种的鸡用活疫苗有鸡传染性喉气管炎活疫苗。适用于育雏期、育成期的鸡。

②将疫苗稀释好，放入指定烧杯。

③接种时，助手一只手抓鸡的双翅固定鸡只，一只手将鸡尾提起，将鸡的肛门露出朝向接种人员。

④接种人员用蘸好疫苗液的接种刷从鸡肛门慢慢插入泄殖腔，深度 1～2 cm，并顺时针旋转 2 圈再逆时针旋转 2 圈后拔出，完成接种。

⑤避免疫苗液落到鸡的羽毛、皮肤或者地面，造成污染。

（7）接种活疫苗出现的问题及解决方案

①免疫后无免疫反应：如果使用的疫苗过期或无效，请及时补种；如果接种方法错误，及时纠正接种方法补种。

②接种后出现呼吸道问题：根据鸡的日龄选择正确的疫苗；免疫鸡群应该健康，并且环境条件达标；禁止两种呼吸道疫苗一起使用；喷雾免疫时，选择优质喷雾设施并选择适合的喷头。

③免疫后肿眼流泪：选择合适的疫苗，并且不能加大剂量；严格按照操作规程接种。

2. 禽用灭活疫苗接种质量管理规范

（1）禽用灭活疫苗预温和摇匀

①用恒温水浴锅回温：设定温度 35℃，打开开关，将预免疫苗放入水浴锅，盖上盖子，预温时间不低于 30 min。

②用温水辅助回温：取 45℃的水倒入保温箱，并设置温度计，将疫苗放入保温箱内，加盖。预温时间不低于 30 min。

③自然回温：将疫苗放置于待免疫鸡舍，不低于 5 h。

④将回温后的疫苗，充分摇匀，装上连续注射器，排空气体，校对注射剂量，连续推注射器 10 次，用量筒收集疫苗液，检查连续注射器的准确性。

（2）颈部皮下免疫接种

①将回温后的疫苗，充分摇匀，装上连续注射器，排空气体，校对注射剂量，连续推注射器 10 次，用量筒收集疫苗液，检查连续注射器的准确性。

②免疫人员一只手从鸡背后抓鸡，虎口朝向鸡头，食指和拇指轻捏鸡颈背后 1/3 处皮肤，使捏起皮肤跟鸡颈背部形成"立体三角区"，高度 0.5~1 cm，其他三指固定鸡只。

另一只手持注射器，针头与鸡颈平行刺入"立体三角区"，推动手柄，注射疫苗。

拔出针头，立刻按压注射部位，轻揉 1 s。

③免疫过程中，一定保持疫苗液均匀，每 30 min 摇匀一次。

（3）腹股沟皮下免疫接种

①助手一只手握鸡的两侧翅根，一只手托鸡身尾部，鸡尾部朝向免疫人员。

②免疫员一只手控制鸡腿，使跗关节外翻，用食指和拇指捏起腹股沟的无毛折叠区形成"立体三角区"。另一只手推动连续注射器，将疫苗液送入"立体三角区"形成的空腔，拔出针头。

③免疫过程中，一定保持疫苗液均匀，每 30 min 摇匀一次。

（4）胸部肌肉浅层免疫接种

①免疫人员一只手握鸡的两侧翅根，翻转，使鸡腹部朝上，头朝向自己。

②手持注射器手柄，针头朝向鸡尾，在鸡龙骨一侧肌肉丰满处，与肌肉呈 15°～30°进针，注射深度 1～1.5 cm，拔出针头。

③注射部位要准确，避免过深或过浅，避免穿透和拔针过快。

（5）翅根肌肉免疫接种

①免疫人员一只手握鸡的两侧翅根，翻转，使鸡腹部朝上，头朝向自己。另一只手持注射器，针头朝向鸡尾，在翅根肌肉丰满处刺入，注射深度 1～1.5 cm，拔出针头。

②注射部位要准确，避免过深或过浅，避免穿透和拔针过快。

（6）腿部肌肉免疫接种

①助手握住鸡的两腿和两翅，使鸡侧卧，鸡腿朝向免疫

人员。

②免疫人员握住待免鸡腿，用食指拨开鸡腿外侧羽毛，针头朝向鸡心，与小腿呈 30°，刺入肌肉丰满处，进针 1 cm。

③进针位置准确，防止扎到血管、神经、骨骼、关节等，禁止腿内侧接种，避免穿刺和拔针过快。

（7）接种灭活苗后常见问题与解决

①免疫后鸡群精神沉郁，不爱运动：原因可能是疫苗预温不达标，局部产生炎症；接种剂量过大；接种过深等。要充分预温，精确免疫剂量，合理接种。

②接种后肿头：原因可能是注射部位靠近头部，向头部进针。要规范免疫接种。

③免疫后猝死：可能是因为刺到内脏或颈静脉血管。应严格规范免疫接种。

五、免疫监测

监测是用来评估鸡群是否具有有效抗体的手段。包括抗体监测、环境监测、剖检监测、药敏试验。

1. 抗体监测

评估免疫效果，确定免疫时机，主要是对新城疫、禽流感、减蛋综合征、传染性法氏囊病等疾病的监测。

（1）育成期 60～70 日龄检测新城疫、禽流感 H5 和 H9、传染性法氏囊病抗体水平，了解免疫效果。

（2）产前期 100～110 日龄检测新城疫、禽流感 H5 和 H9 抗体水平，了解免疫前的抗体基础值。

（3）产蛋期 160 日龄检测新城疫、禽流感 H5 和 H9、减蛋综合征抗体水平，了解免疫效果。

2. 环境监测

环境监测主要是对空气、饮水、饲料、人员、车辆、物品等项目的监测。

3. 剖检监测

通过解剖鸡来监测鸡群的生长状况。包括正常死亡剖检、非正常死亡剖检、预测性剖检。

4. 药敏试验

当鸡群健康受细菌威胁时，通过药敏试验可以快速准确地找到控制细菌感染的敏感药品，在短时间内用药，使鸡体迅速恢复健康。

六、推荐的笼养蛋鸡免疫程序

推荐的免疫程序见表8。

表8　推荐的笼养蛋鸡免疫程序

免疫日龄	疫苗名称
1日龄	马立克氏病活疫苗
7～9日龄	新支流法四联灭活疫苗
7～9日龄	新支二联苗
12～14日龄	鸡毒支原体活苗
14日龄	重组禽流感（H5＋H7）三价灭活苗
21日龄	鸡痘活疫苗

（续）

免疫日龄	疫苗名称
21 日龄	滑液囊支原体灭活苗
28 日龄	新支二联苗
35 日龄	新流腺三联灭活苗
42 日龄	传染性鼻炎灭活苗
50 日龄	鸡传染性喉气管炎活苗
56 日龄	重组禽流感（H5＋H7）三价灭活苗
63 日龄	新支二联苗
70 日龄	滑液囊支原体灭活苗
91 日龄	鸡痘活疫苗
91 日龄	鸡传染性鼻炎灭活苗
98 日龄	鸡毒支原体活疫苗
105 日龄	新支二联苗
112 日龄	新支减流四联灭活苗
119 日龄	重组禽流感（H5＋H7）三价灭活苗
230 日龄	新支流三联灭活苗
240 日龄	重组禽流感（H5＋H7）三价灭活苗

注：①本表中疾病名称缩写：新——新城疫，支——鸡传染性支气管炎，流——禽流感，法——鸡传染性法氏囊病，腺——禽腺病毒 4 型，减——减蛋综合征。

②开产后，根据抗体检测数据，每隔 3～4 个月免疫一次禽流感疫苗。

③开产后，新支流灭活苗每 4～6 个月免疫一次。

④在接种鸡毒支原体和传染性鼻炎疫苗前 3 d、后 7 d 禁止使用抗生素。

蛋鸡饲料应符合 NY 5032—2006《无公害食品　畜禽饲料和饲料添加剂使用准则》的要求。该标准规定了生产无公害畜禽产品所需的各种饲料的使用技术要求，及加工过程、标签、包装、贮存、运输、检验的规则。适用于生产无公害畜禽产品所需的单一饲料、配合饲料、浓缩饲料和添加剂预混合饲料。

一、营养需求

1. 能量

蛋鸡所需要的能量主要来自日粮中的碳水化合物和脂肪。各种谷实类饲料中都含有丰富的碳水化合物，如玉米、小麦、高粱等。脂肪是高能量物质，热能是碳水化合物的 2.25 倍。日粮的能量水平是决定鸡采食的重要因素。

2. 蛋白质

蛋白质是由 20 多种氨基酸组成的。氨基酸的营养对提高蛋鸡生产性能以及降低养殖场饲料成本来说非常重要。有一部分氨基酸是鸡体内不能合成的，包括精氨酸、组氨酸、异亮氨酸、亮氨酸、赖氨酸、蛋氨酸、苯丙氨酸、苏氨酸、色氨酸和缬氨酸，为鸡的必需氨基酸。在一般谷物中赖氨酸、蛋氨酸、色氨酸和苏氨酸含量较少，又称限制性氨基酸。蛋鸡日粮中蛋白质的来源主要是豆饼、豆粕、菜籽饼、菜籽粕、鱼粉等。

3. 维生素

维生素具有调节鸡体碳水化合物、蛋白质、脂肪代谢的功能。虽然所需剂量较小，但是对蛋鸡的生长发育、生产性能、饲料利用率具有很大的意义。

4. 矿物质

蛋鸡所需的矿物质元素至少有 13 种。矿物质缺乏会引起蛋鸡的代谢失调，出现各种病症。

5. 水

水在营养物质的消化、吸收、代谢、循环、排泄中起到重要的作用。对蛋鸡的健康生长至关重要。

二、饲养标准

根据我国的蛋鸡养殖实践，农业部 2004 年颁布了《鸡饲养标准》NY/T 33—2004。

1. 生长蛋鸡的营养需要

参见表 9。

表 9 生长蛋鸡的营养需要

营养指标	单位	0～8 周龄	9～18 周龄	19 周龄至开产
代谢能	MJ/kg	11.91	11.70	11.50
粗蛋白质	%	19.00	15.50	17.00
蛋白能量比	g/MJ	15.95	13.25	14.78
赖氨酸能量比	g/MJ	0.84	0.58	0.61
赖氨酸	%	1.00	0.68	0.70
蛋氨酸	%	0.37	0.27	0.34
蛋氨酸＋胱氨酸	%	0.74	0.55	0.64
苏氨酸	%	0.66	0.55	0.62
色氨酸	%	0.20	0.18	0.19
精氨酸	%	1.18	0.98	1.02
亮氨酸	%	1.27	1.01	1.07
异亮氨酸	%	0.71	0.59	0.60
苯丙氨酸	%	0.64	0.53	0.54
苯丙氨酸＋酪氨酸	%	1.18	0.98	1.00
组氨酸	%	0.31	0.26	0.27
脯氨酸	%	0.50	0.34	0.44
缬氨酸	%	0.73	0.60	0.62
甘氨酸＋丝氨酸	%	0.82	0.68	0.71
钙	%	0.90	0.80	2.00
总磷	%	0.71	0.60	0.55
非植酸磷	%	0.40	0.35	0.32
钠	%	0.15	0.15	0.15
氯	%	0.15	0.15	0.15
铁	mg/kg	80.00	60.00	60.00
铜	mg/kg	8.00	6.00	8.00
锌	mg/kg	60.00	40.00	80.00
锰	mg/kg	60.00	40.00	60.00

（续）

营养指标	单位	0～8 周龄	9～18 周龄	19 周龄至开产
碘	mg/kg	0.35	0.35	0.35
硒	mg/kg	0.30	0.30	0.30
亚油酸	%	1.00	1.00	1.00
维生素 A	IU/kg	4 000.00	4 000.00	4 000.00
维生素 D	IU/kg	800.00	800.00	800.00
维生素 E	IU/kg	10.00	8.00	8.00
维生素 K	mg/kg	0.50	0.50	0.50
维生素 B_1	mg/kg	1.80	1.30	1.30
维生素 B_2	mg/kg	3.60	1.80	2.20
维生素 B_5	mg/kg	10.00	10.00	10.00
维生素 B_3	mg/kg	30.00	11.00	11.00
维生素 B_6	mg/kg	3.00	3.00	3.00
维生素 B_7	mg/kg	0.15	0.10	0.10
维生素 B_9	mg/kg	0.55	0.25	0.25
维生素 B_{12}	mg/kg	0.010	0.003	0.004
维生素 B_4	mg/kg	1 300.00	900.00	500.00

注：根据中型体重鸡制定，轻型鸡可酌情减 10%；开产日龄按 5%产蛋率计算。

2. 产蛋鸡营养需要

参见表 10。

表 10　产蛋鸡营养需要

营养指标	单位	开产至产蛋高峰期（产蛋率>85%）	产蛋高峰后（产蛋率<85%）	种鸡
代谢能	MJ/kg	11.29	10.87	11.29
粗蛋白质	%	16.50	15.50	18.00
蛋白能量比	g/MJ	14.61	14.26	15.94

（续）

营养指标	单位	开产至产蛋高峰期（产蛋率>85%）	产蛋高峰后（产蛋率<85%）	种鸡
赖氨酸能量比	g/MJ	0.64	0.61	0.63
赖氨酸	%	0.75	0.70	0.75
蛋氨酸	%	0.34	0.32	0.34
蛋氨酸＋胱氨酸	%	0.65	0.56	0.65
苏氨酸	%	0.55	0.50	0.55
色氨酸	%	0.16	0.15	0.16
精氨酸	%	0.76	0.69	0.76
亮氨酸	%	1.02	0.98	1.02
异亮氨酸	%	0.72	0.66	0.72
苯丙氨酸	%	0.58	0.52	0.58
苯丙氨酸＋酪氨酸	%	1.08	10.60	1.08
组氨酸	%	0.25	0.23	0.25
缬氨酸	%	0.59	0.54	0.59
甘氨酸＋丝氨酸	%	0.57	0.48	0.57
可利用赖氨酸	%	0.66	0.60	—
可利用蛋氨酸	%	0.32	0.30	—
钙	%	3.50	3.50	3.50
总磷	%	0.60	0.60	0.60
非植酸磷	%	0.32	0.32	0.32
钠	%	0.15	0.15	0.15
氯	%	0.15	0.15	0.15
铁	mg/kg	60.00	60.00	60.00
铜	mg/kg	8.00	8.00	6.00
锰	mg/kg	60.00	60.00	60.00
锌	mg/kg	80.00	80.00	60.00
碘	mg/kg	0.35	0.35	0.35

（续）

营养指标	单位	开产至产蛋高峰期（产蛋率>85%）	产蛋高峰后（产蛋率<85%）	种鸡
硒	mg/kg	0.30	0.30	0.30
亚油酸	%	1.00	1.00	1.00
维生素 A	IU/kg	8 000.00	8 000.00	10 000.00
维生素 D	IU/kg	1 600.00	1 600.00	1 600.00
维生素 E	IU/kg	5.00	5.00	10.00
维生素 K	mg/kg	0.50	0.50	1.00
维生素 B_1	mg/kg	0.80	0.80	0.80
维生素 B_2	mg/kg	2.50	2.50	3.80
维生素 B_5	mg/kg	2.20	2.20	10.00
维生素 B_3	mg/kg	20.00	20.00	30.00
维生素 B_6	mg/kg	3.00	3.00	4.50
维生素 B_7	mg/kg	0.10	0.10	0.15
维生素 B_9	mg/kg	0.25	0.25	0.35
维生素 B_{12}	mg/kg	0.004	0.004	0.004
维生素 B_4	mg/kg	500.00	500.00	500.00

3. 生长蛋鸡体重和耗料量

参见表11。

表11 生长蛋鸡体重和耗料量

周龄	体重（g/只）	耗料量（g/只）	累计耗料量（g/只）
1	70	84	84
2	130	119	203
3	200	154	357

（续）

周龄	体重（g/只）	耗料量（g/只）	累计耗料量（g/只）
4	275	189	546
5	360	224	770
6	445	259	1 029
7	530	294	1 323
8	615	329	1 652
9	700	357	2 009
10	785	385	2 394
11	875	413	2 807
12	965	441	3 248
13	1 055	469	3 717
14	1 145	497	4 214
15	1 235	525	4 739
16	1 325	546	5 285
17	1 415	567	5 852
18	1 505	588	6 440
19	1 595	609	7 049
20	1 670	630	7 679

注：0～8周龄为自由采食，9周龄开始结合光照进行限饲。

三、饲料的管理

（1）饲料卫生应符合 GB 13078—2017《饲料卫生标准》的规定。

（2）饲料应品质优良，无污染、无霉变，含有天然毒素的饲料原料应脱毒处理，并控制好用量。

（3）不应使用相关法律法规中所禁用的饲料和饲料添加剂以及其他禁用化合物，避免有毒、有害物质混入饲料。

（4）应建立用料记录和饲料留样制度，使用的饲料样品至少保留 3 个月，并应对饲料原料及饲料产品采购来源、质量、标签情况进行记录。

（5）不同类型的饲料应清晰标识、分类存放，防止饲料变质和交叉污染，加药饲料应单独贮藏，标识清晰。

（6）所有盛装饲料的容器和运输饲料的卡车应定期清洗消毒。

（7）使用自制配合饲料的蛋鸡养殖场应保留饲料配方。

四、饲料的感官要求

（1）具有该饲料应有的色泽、味及组织形态特征，质地均匀。

（2）无发霉、变质、结块、虫蛀且无异味、异物等。

（3）饲料和饲料添加剂在生产、使用过程中应是安全、有效的，且不会对所处的环境造成污染。

（4）符合单一饲料、饲料添加剂、配合饲料、浓缩饲料和添加剂预混合产品的饲料质量标准规定。

五、饲料添加剂的合理使用

（1）饲料、饲料原料及饲料添加剂应符合 GB 13078—2017《饲料卫生标准》的规定。做好饲料检测记录。

（2）严禁使用国家禁止的饲料原料配制饲料。做好饲料购买记录和饲料贮存记录。

（3）饲料添加剂产品应是由具有农业农村部颁发的饲料添加剂生产许可证的正规企业生产，具有产品批准文号。饲料添加剂的使用应遵照饲料标签所规定的用法和用量。做好饲料添加剂购买记录和使用记录，并将饲料添加剂生产许可证和饲料标签复印件存档。

六、饲料配方

（1）饲料配方应遵守安全、有效、不污染环境的原则。

（2）饲料配方的营养指标应达到该产品所执行标准中的规定。

（3）饲料配方应由饲料企业专职人员负责制定、核查，并标注日期，签字认可，以确保其正确性和有效性。

（4）应保存每次饲料配方的原件和配料清单。

七、饲料配制

1. 基本要求

（1）饲料加工过程使用的所有计量器具和仪表，应进行定期检验、校准和正常维护，以保证精确度和稳定性，其误差应在规定范围内。

（2）微量和极微量组分应使用专用设备在专门的配料室内进行。应有翔实的记录，以备追溯。

（3）配料室应有专人管理，保持卫生整洁。

2. 混合

混合工序投料应先投入占比大的原料，依次投入用量少的原料和添加剂。

3. 制粒

（1）严格控制制粒过程的温度、蒸汽压力。制粒后需要充分冷却，以防止水分过高而引起饲料变质。

（2）更换品种时，应清洗制粒系统，可用少量单一谷物原料清洗。

4. 留样

（1）新进厂的单一饲料、饲料添加剂应保留样品，其留样标签应准确地注明名称、来源、产地、形状、接收日期、接收人等有关信息，保持可追溯性。

（2）加工生产的各个批次的饲料产品均应留样保存，其留样标签应注明饲料产品品种、生产日期、批次、样品采集人。留样应装入密封容器内，贮存于阴凉、干燥的样品室，保留至该批产品保质期满后 3 个月。

5. 标签、包装、贮存和运输

（1）商品饲料应在包装物上附有饲料标签，标签应符合 GB 10648—2013《饲料标签》中的有关规定。

（2）饲料包装应完整，无漏洞，无污染和异味。包装材料应符合 GB/T 16764—2006《配合饲料企业卫生规范》的要求。

（3）饲料的贮存和运输应符合 GB/T 16764—2006《配合饲料企业卫生规范》的要求。

（4）饲料运输工具和装卸场地应定期清洗和消毒。

一、常用药物分类

1. 抗菌药

（1）抗生素及半合成抗生素

β-内酰胺类：本类抗生素的化学结构含有 β-内酰胺环。主要包括青霉素类和头孢菌素类。常用药物有青霉素、氨苄西林、阿莫西林、头孢噻呋、头孢喹肟等。

氨基糖苷类：是由链霉菌或小头孢菌产生或经半合成制得的一类水溶性的碱性抗生素。常用品种有卡那霉素、庆大霉素、新霉素、大观霉素和安普霉素等。

四环素类：是由链霉菌产生或经半合成制得的一类碱性广谱抗生素。兽医临床上常用品种有土霉素、金霉素和多西环素等。

大环内酯类：是由链霉菌产生或经半合成制得的一类弱碱性抗生素，具有 14～16 元环内酯结构。兽医临床用品种有泰乐霉素、泰万菌素和替米考星等。

酰胺醇类：属于广谱抗生素。兽医临床常用品种有甲砜霉素和氟苯尼考等。

林可胺类：是从链霉菌发酵液中提取的一类抗生素。兽医临床常用品种有林可霉素。

多肽类：是一类具有多肽结构的化学物质。兽医临床常用品种有杆菌肽、黏菌素、维吉尼亚霉素和那西肽等。

截短侧耳素类：是一类动物专用抗生素。兽医临床常用品种有泰妙菌素。

多糖类：本类抗生素主要包括阿维拉霉素和黄霉素。

（2）化学合成抗菌药

磺胺类：磺胺药是一类化学合成的抗微生物药。具有抗菌谱广、疗效确切、性质稳定、价格低廉、使用方便等优点，但是抗菌作用较弱、不良反应较多、细菌易产生耐药性、用量大、疗效偏长等。抗菌增效剂能使磺胺药的抗菌效力增强。兽医临床常用品种有磺胺嘧啶、磺胺二甲嘧啶、磺胺间甲氧嘧啶、磺胺氯达嗪钠等。

喹诺酮类：本类药物对临床多种重要病原菌具有快速杀灭作用，并且可以通过多种途径给药（内服、饮水、肌内注射）。临床应用十分广泛，主要包括恩诺沙星、环丙沙星、二氟沙星、沙拉沙星、氟甲喹等。

2. 抗寄生虫药

（1）抗原虫药

抗球虫药：抗球虫药的种类很多，作用在球虫发育的不同阶段。作用于第一代裂殖生殖的药物，如氯羟吡啶、离子载体抗生素等，预防性强，但不利于动物机体形成对球虫的免疫力；作用于第二代裂殖体的药物，如磺胺喹噁啉、磺胺氯吡嗪、尼卡巴嗪、二硝托胺，既有治疗作用，又对动物抗球虫免疫力的形成影响不大。兽医临床常用药物有地克珠利、磺胺喹噁啉、磺胺氯丙嗪、妥曲珠利等。

抗组织滴虫药：兽医临床常用药物为甲硝唑、地美硝唑。

抗鸡住白细胞虫药：兽医临床常用药物为磺胺间甲氧嘧啶。

（2）驱线虫药　兽医临床常用药物为阿苯达唑、芬苯达唑、左旋咪唑、枸橼酸哌嗪等。

（3）抗绦虫药　兽医临床常用药物为氯硝柳胺、吡喹酮。

（4）杀体外寄生虫药　兽医临床常用药物有氰戊菊酯、甲基吡啶磷、环丙氨嗪。

3. 其他类药物

（1）解热镇痛药　兽医临床常用药物为卡巴匹林钙。

（2）调节组织代谢药　兽医临床常用药物有维生素 A、维生素 D、维生素 AD 油、B 族维生素、泛酸钙、维生素 C、亚硒酸钠维生素 E。

（3）消毒防腐药　兽医临床常用药物有酚类、醛类、季铵盐类、碱类、卤素类、氧化剂类。

（4）中兽药　兽医临床常用药物有扶正解毒散、板青颗粒、镇咳散、白头翁散、球虫散、驱虫散等。

（5）免疫调节药　兽医临床常用药物有黄芪多糖、紫锥菊口服液、参芪散等。

（6）微生态制剂　兽医临床常用药物有枯草芽孢杆菌、双歧杆菌、乳酸菌等。

（7）疫苗　经批准鸡场可使用的疫苗有禽流感疫苗、鸡新城疫疫苗、鸡马立克氏病疫苗、鸡传染性法氏囊病疫苗、鸡传染性支气管炎疫苗、鸡毒支原体疫苗、鸡传染性鼻炎疫苗等。

二、兽药购买与领用

（1）用于疫病诊断、预防及治疗的试剂、兽药及其他生物制品的购买应按照 NY/T 5030—2016《无公害农产品 兽药使用准则》的购买要求执行。

（2）采购兽药时，供货方如为生产企业，需要提供营业执照、兽药生产许可证、兽药 GMP 证书、产品批准文号复印件；如为经销商，需要提供营业执照、兽药经营许可证、销售代理授权书。

（3）每次采购兽药前，通过二维码查询结果与国家兽药追溯系统核对，核对正确后再确认采购。

（4）养殖场应制定并执行兽药出入库管理制度，完整记录购入、领用及库存等信息，记录内容包括兽药通用名称、含量规格、数量、批准文号、生产批号、生产企业名称等，内容准确，可追溯。

（5）每领取一种兽药，要在出库单上登记领用药品的名称、规格、生产企业、数量、领用人签名。

三、兽药的贮存

一般兽药都应按《中华人民共和国兽药典》或《兽药产品说明书范本》中该药所规定的贮存条件进行保存。兽药应该贮存在阴凉处，一般指室温不超过 20℃，如抗生素的存放。储藏室要求干燥通风。生物制品需要冷藏保存，灭活疫苗应保存在 2~8℃ 的冷藏柜；弱毒疫苗应保存在 −15℃ 以下的冰箱，且冰箱不能有除霜和杀菌功能。冰箱必须持续供电，所以要求兽药储藏室要备有发电装置。为了避免兽药贮存时间过长，必须掌握"先进先出，易坏先出，有效期近先出"的出库原则。

四、兽药的合理使用

（1）兽药的使用原则：尽量减少用药，确需用药，兽医指导。

（2）雏鸡药物的使用可以参照肉鸡相关规定执行，尽量减少抗生素药物的使用，禁止对健康鸡只使用抗生素，建议采用中兽药进行相关疾病的防治。

（3）中兽药制剂购买和使用应符合 NY/T 5030—2016《无公害农产品 兽药使用准则》规定，其质量应符合《中华人民共和国兽药典》要求。

（4）购买中药制剂时选择正规的生产厂家，并进行中药质量监控，防止中药中隐性添加的化学药物成分影响产品质量安全；微生态制剂应符合《饲料添加剂品种目录》的规定。

（5）兽药使用应按照产品说明操作，处方药应按照执业兽医师出具的处方执行。

（6）不得使用过期药品和人用药品，不得直接将原料药用于蛋鸡。

（7）建立兽药采购记录和用药记录。用药记录包括用药蛋鸡的批次和数量、兽药产品批号、用药总量、用药开始和结束日期、休药期、药物管理者姓名，应保管使用说明书；采购记录应包括产品名称、购买日期、数量、批号、有效期、供应商和生产厂家。

（8）药物的贮藏应符合药物使用说明书的要求。

（9）应严格遵守休药期的规定。

五、兽用抗菌药使用减量化

1. 基本原则

（1）预防为主原则 应建立以预防为主的管理体系，控制鸡病的发生和流行。

（2）综合防控原则 应建立包括人员与运输工具以及物料进出管理、种苗引进、消毒管理、环境卫生、免疫计划、病死动物诊断与治疗及无害化处理等综合防控体系。

（3）规范用药原则 应遵循防重于治的原则，生产过程中宜减少药物的使用。必须使用兽药进行疾病的预防、诊断和治疗时，应在兽医指导下进行。

（4）风险评估原则 应根据相关兽药、饲料添加剂风险评估报告和国家推荐目录，针对本地区禽类流行病流行规律和防治经验，提出风险程度较低、适用的兽药推荐品种名单。

2. 疾病防控

（1）鸡场的选址布局与设施设备、雏鸡引进、饲养管理等应符合 T/ZNZ 012—2019《蛋鸡健康养殖和安全生产技术规范》的规定。

（2）应阻断人员、物料、环境、动物之间病原微生物的传播途径，健全生物安全防控体系。

（3）应按照 GB/T 39915—2021《动物饲养场防疫准则》要求开展疫病监测，制定疫病免疫预防计划。

（4）应按 NY/T 3075—2017《畜禽养殖场消毒技术》和NY/T 5339—2006《无公害农产品 畜禽防疫准则》要求制定严格的消毒工作制度和标准化操作程序。

（5）应建立粪污及病死动物无害化处理制度，并按 NY/T 5339—2006《无公害农产品　畜禽防疫准则》的要求有效处理。

3. 疾病诊疗

（1）人员：应配备与诊疗活动相适应的执业兽医或乡村兽医。

（2）兽医诊疗室：应建立独立的兽医诊疗室，并配备相适应的兽医解剖器械和消毒设施，必要时配备细菌药敏试验仪器等。

（3）诊断：兽医人员应依据鸡的行为表现、发病症状、临床检查和病理变化等做出临床诊断，必要时进行实验室检测确诊。应开展常规的临床检验，主动开展或委托第三方机构开展血清学检测，且检测频次能满足疫病防控需要。

（4）治疗：兽医人员应依据鸡发病状况、用药指征和药物敏感性结果合理选择兽用抗菌药并制定用药方案。

（5）兽医人员应持续跟踪鸡群疾病发生和发展情况，必要时对治疗方案进行调整。

（6）兽医人员应按农业部公告 2450 号《兽医处方格式及应用规范》要求开具处方。

（7）应按兽医处方要求使用兽药，包括处方有效期、兽药种类、使用途径、剂量、疗程等。

（8）应自行开展或委托开展抗菌药敏感性试验（有相关检测报告），并能用于指导临床用药。

（9）宜使用微生态制剂维持动物肠道健康。

（10）允许在兽医指导下使用《中华人民共和国兽药典》二部中列出的可用于鸡的兽用中药材、中药成方制剂。

（11）允许在兽医指导下使用符合《中华人民共和国兽药典》和《兽药质量标准》等国家规范性文件中的常量、微量元素补充药，营养药，电解质补充药，维生素类药和助消化药。

（12）记录：应有完整的兽医诊疗记录，主要包括蛋鸡临床症状、检查、用药及转归情况记录；病死蛋鸡或典型病例和必要的病理解剖学检查记录；药物敏感性试验记录；抗菌药使用应有兽医处方记录，并附上处方。

（13）兽用抗菌药使用后，应注意观察或检查用药效果，并做好记录。

4. 兽用抗菌药管理

（1）兽药房　应配置独立的兽药房，且配备冰箱、冰柜、二维码扫描等设备。

（2）评估与采购

①应遵守兽用处方药与非处方药相关管理办法的规定。

②应到持有兽药经营许可证的兽药企业或经营店购买兽用抗菌药。

③兽药应具有兽药生产许可证号和批准文号。

④应查验包装、标签与标识，兽用抗菌药的标签上应附有二维码，并附有说明书，必要时应在国家兽药产品追溯系统中进一步核对产品信息。

⑤应及时将所购兽药的追溯信息上传至省级兽药追溯管理系统。

（3）贮存与领用

①应根据不同类别的药物特性，采取相应的贮存方式。处方药与非处方药、外用药与内服药分别贮存，不得混放，应设置明显标识。

②应建立兽用抗菌药出入库管理制度，记录购入、领用及库存情况。

（4）减量化计算　应基于年度内养殖场鸡蛋总产出量和兽医诊疗记录、处方笺记录、兽药领用记录和用药记录，评估整场兽用抗菌药使用情况。兽用抗菌药使用量的计算方法参见附录5。

5. 档案管理

（1）应建立档案管理制度，包括种禽生产经营许可证，雏鸡检疫证明、采购合同、接种证明，雏鸡、育成鸡、蛋鸡的养殖管理档案，饲料的采购、使用档案，兽药采购、使用记录，免疫接种档案，处方笺等。

（2）记录要素应完备，内容应完整，且记录与实际应相符，各环节记录应能相互对应。

（3）所有档案均应保存3年。

饮用水的质量应符合 NY 5027—2008《无公害食品　畜禽饮用水水质》的规定。

一、水线准备

（1）冲洗水线　1 人在机头端打开给水阀门，2 人在机尾端打开排水阀门接水，饮水管里水变清亮时再关闭两端阀门。

（2）调好水线高度　水线高度一致，水线乳头高度和雏鸡眼部平齐。

（3）检查水线乳头　确保每个水线乳头都有水。

（4）调好水压　最好每个水线乳头都悬挂着水珠。

二、水线卫生控制

1. 清洗消毒剂的选择

选择能有效溶解水线中的生物膜、黏液、污垢的清洗消毒剂。用碱性化合物或过氧化氢去除有机污物（如细菌、藻类、霉菌等）。用酸性化合物去除无机物（如盐类、钙化物等）。可选择二氯异氰尿酸钠粉（30％有效氯）、6.5％二氧化氯、过氧乙酸、过氧化氢等。

2. 空舍期浸泡清洗水线和管路流程

（1）打开水线，彻底排出管线中的水。

（2）在每个水罐中先加入除垢剂，再加入清水混合均匀（400 g除垢剂兑200 kg水），同时关闭直通水线的阀门。

（3）观察从排水口流出的溶液是否带有泡沫等。

（4）一旦水线充满清洗消毒溶液，关闭阀门，将除垢溶液在管线内保留24 h。

（5）保留24 h后，打开水线后端阀门使用清水冲洗水线。

（6）冲洗10 min以后关闭水线后端阀门，再次在每个水罐中加入二氯异氰尿酸钠粉（30％有效氯）或者过氧化氢或过氧乙酸，加入清水混合均匀，同时关闭直通水线的阀门。

（7）打开水线两端阀门，把清水放出，打开水线连接水罐的阀门，按压水线两端的最后一个乳头，能闻到氯的气味时关闭阀门，浸泡消毒4 h，这将杀灭残留细菌，并进一步去除残留的生物膜。

（8）浸泡消毒完毕后，关闭水罐出水阀门，打开水罐排污阀，将剩余的消毒溶液排出，并打开水罐进水阀门，将水罐冲洗干净，同时关闭水线的调压系统，打开直通水线的阀门，并打开水线末端阀门，将水线中的消毒溶液排出，再用1～2块海绵（略大于管道内直径）塞到水罐那头的水管中，然后把水泵的水管连接到塞了海绵的水管上，打开水泵，海绵被冲到地上的同时，管道壁上的脏东西也会被海绵带出，实现对管道的彻底清洗。

（9）从水井到鸡舍的管路也应进行彻底的清洗消毒，最好不要用舍外管路中的水冲洗舍内的管线，应把水管连接到加药器的插管上，反冲舍外的管路。

（10）冲洗用水应含有消毒剂，浓度与鸡只饲养期饮水中的浓度相同，饮水消毒使用二氯异氰尿酸钠粉（30%有效氯）。

3. 饲养期浸泡清洗水线操作流程（晚上操作）

（1）在每个水罐中加入二氯异氰尿酸钠粉（30%有效氯）或者 6.5%二氧化氯，加入清水混合均匀，同时关闭直通水线的阀门。

（2）关灯 30 min 或将水线高度调至鸡只无法够到的高度。

（3）打开水线两端阀门，把清水放出，打开水线连接水罐的阀门，按压水线两端的最后一个乳头，能闻到氯的气味时关闭阀门，浸泡消毒 30 min。

（4）关闭水罐出水阀门，打开水罐排污阀，将剩余的消毒溶液排出，并打开水罐进水阀门，将水罐冲洗干净，同时关闭水线的调压系统，打开直通水线的阀门，并打开水线末端阀门，将消毒溶液排出，再用 1～2 块海绵塞管并冲洗干净（方法如上文所述）。

（5）水线经浸泡消毒和冲洗后，流入的水源必须是新鲜的。

4. 养殖场综合用水卫生

（1）空舍期先将水线和管路安装整理好，使用除垢剂和消毒剂浸泡清洗消毒待用。

（2）鸡舍水路过滤器的两端有两个水压表，一个是进水压表，一个是出水压表。在水通过滤网时，污垢、杂质被滤网吸附，当过滤器出水压力小于进水压力时，就要冲洗滤网中的杂质，如果不经常反冲，影响鸡饮水，杂质就会进入加药器、调压器的乳头内而影响正常工作，乳头的密封结构受阻，就会漏水，因此必要时需处理滤网或更换滤网。

（3）水线吊杯每 5 d 用消毒液（二氯异氰尿酸钠溶液或者6.5%二氧化氯）擦洗一次。

（4）饮水消毒：每天（鸡只免疫的前后 3 d 和使用抗生素、电解多维时除外）用自动加药器或者水罐连续饮水消毒不得少于 12 h，做饮水消毒的消毒剂为二氯异氰尿酸钠粉或者酸化剂。使用二氯异氰尿酸钠粉消毒的饮用水要求水线末端余氯的浓度为 $3\sim5\ \mu g/mL$，如果使用氧化还原电位计检查，读数至少应为 650 mV。建议育雏第一周使用酸化剂，一周后使用二氯异氰尿酸钠粉进行饮水消毒。

（5）用药期间，每天用药之前使用调压器冲洗一次水线，在每个疗程结束后一定要先浸泡清洗水线。

（6）经常检修水线及乳头，防止漏水、断水，乳头弹簧弹性小、胶垫变性或内有污物的应及时更换或清理。

（7）饲养期每周取水线末端水样（每栋取 2～3 个样品）检测水质微生物情况，以确保饮用水符合要求。

第十一章 无害化处理

无害化处理的规范化、制度化、常态化，是防止蛋鸡疫病传播扩散，保障蛋鸡健康养殖和蛋鸡产品质量安全的关键。

一、无害化处理制度

（1）遵守国家病死或死因不明动物处理规定，不随意处置、出售、转运、加工和食用病死或死因不明的动物。

（2）发生重大动物疫情时，服从重大动物疫病处置决定，扑杀染疫动物或同群动物，对病死、扑杀的动物和相关动物产品、污染物进行无害化处理；无害化结束后，对鸡舍、用具、道路等进行彻底消毒，防止病原传播。

（3）病死鸡一律委托当地病死动物处置单位做无害化处理。

（4）按规定做好病死鸡无害化处理记录，技术管理员要详细记录数量、原因、方法、时间等，并对处理结果负责。

（5）定期做好养殖废弃物的收集、处理。定期做好对鸡粪的无害化处理、打包、出售。

（6）场内排水系统实行雨水和污水收集系统分离，污水收集系统采取暗沟布设，经污水站生态处理后纳管排放。

二、无害化处理方法

1. 病死鸡的无害化处理

应设置隔离间专门存放病死鸡,并使用专门的器具,隔离间或器具应易于清扫消毒,病死鸡的处理应符合《病死畜禽和病害畜禽产品无害化处理管理办法》(农业农村部令2022年第3号)的要求。

(1) 将病死鸡集中焚烧后,送往专门的无害化畜禽处理站,进行焚毁。

(2) 深埋、掩埋应远离学校、公共场所、生活区、动物养殖场和屠宰场、水源地、河流等;坑底铺2cm生石灰,病死鸡上层应距地表1.5m以上。掩埋后要用消毒药水喷洒消毒。

2. 产品废弃包装的无害化处理

(1) 所购产品到货后,经场外统一消毒,拆除外包装,外包装集中摆放回收。

(2) 活疫苗使用后,空玻璃瓶由高浓度的消毒药浸泡,然后用塑料袋收集后放到场区指定地点,统一回收处理。

(3) 疫苗瓶的铝盖、胶盖均集中后统一回收。不能在场区随处见到各类疫苗包装物。

3. 污物、污水、废气的无害化处理

对污物、污水的处理要符合GB 18596—2001《畜禽养殖业污染物排放标准》。

(1) 鸡粪的处理

①降低鸡粪内污染物的含量。一是通过均衡调配氨基酸的比例、使用膨化饲料、添加蛋白分解酶来降低鸡粪中氨的含量；二是在饲料里添加植酸酶来降低鸡粪中磷的含量；三是在饲料中添加益生菌来降低鸡粪中氨气；四是使用有机微量元素来降低鸡粪中重金属的含量。

②鸡粪的发酵池处理。工业化处理首先要建立一座封闭防渗漏的沼气池，厌氧菌的发酵作用会将排入沼气池的粪污酵解，酵解所产生的沼气可以作为日常生活中的取暖能源，剩余的沼渣和沼液可以作为肥料回归农田。

③发酵罐处理。发酵罐采用箱体多层结构，以鸡粪为主要原料，添加高温菌种及辅料，经高温发酵灭菌处理，4 h 达到整体除臭，6 h 杀灭病原微生物、虫卵，防止病毒扩散，净化养殖环境，48 h 快速出肥，经发酵后的有机肥符合国家标准，可还田再利用。

（2）污水的处理 鸡场污水通过排污管道排入污水处理池，经 SBR（序列间歇式活性污泥法）一体化污水处理技术综合处理，达标后纳入政府污水管网。

（3）降低有害气体排放 鸡场空气质量应符合 NY/T 388—1999《畜禽场环境质量标准》的规定，蛋鸡场空气中氨气、二氧化碳、硫化氢、PM10、TSP、恶臭都应符合规定的标准。具体措施包括：①合理安装通风设施；②加强通风换气；③饲料里添加合适的复合酶和微生态制剂；④化学结合法降低鸡舍有害气体。

（4）生活垃圾 对于鸡场内的生活垃圾，应集中存放于场内的垃圾桶内，每天两次定时运输至指定地点，由当地政府生活垃圾处理站进行处理。

第十二章　蛋鸡场生物安全防控体系

　　蛋鸡场的生物安全防控体系就是要解决疾病传播的三个要素：传染源、传播途径、易感动物。具体地说就是在鸡场建设、环境控制、饲养管理、卫生消毒、免疫接种、药物预防等各个环节，切断病原微生物与蛋鸡的接触，防止鸡群受到疫病的危害，这是最经济、最有效的疫病控制方法之一。

　　根据病原在传播过程中的重要程度，疾病传播途径按其感染概率从大到小的顺序可分为 5 种，分别是鸡与鸡之间的病原体传播、人与鸡之间的病原体传播、物品与鸡之间的病原体传播、空气与鸡之间的病原体传播及动物与鸡之间的病原体传播。切断这 5 种疾病传播途径，将有利于减少病原传入场区及在场区内传播、扩散的概率，降低鸡群疾病发生的风险，切实落实生物安全体系工作。

一、阻断鸡与鸡之间的病原体传播

　　阻断鸡与鸡之间病原体的传播主要有 3 个关键点，即保持养殖鸡群的纯净、切断鸡与鸡之间的横向传播和切断鸡与鸡之间的纵向传播。

1. 阻断场外禽与本场鸡的接触，保持养殖鸡群的纯净

场内不得私自养殖其他禽类，工作人员不得从场外购置活禽、禽类产品等；养殖场设置隔离区，防止场外禽类进入场区；淘汰鸡只时，装有场外鸡只的运输车不得进入，并且对运输车辆严格消毒。

2. 切断鸡与鸡之间的横向传播

要切断横向传播首先要防止本鸡舍的鸡跑入场外未消杀区域，同时也要避免不同鸡舍的鸡交叉活动。在日常饲养中还需对鸡群进行健康监测，一旦发现鸡只出现异常的病理状况，需要立即对病鸡采取隔离防护措施。

3. 切断鸡与鸡之间的纵向传播

一方面杜绝不同日龄的鸡交叉活动；另一方面严格采取"全进全出"的养殖管理模式，栏内鸡群体淘汰后到新群体转入之前是鸡舍的"空舍期"，目前公认的蛋鸡空舍期至少为 15 d，规模化鸡场的空舍期大多控制到 30 d，空舍期需要对鸡舍进行全面彻底的打扫，并采取"移、扫、冲、烧、消、干、喷、熏"的空舍八步流程，有效切断疫病的纵向传播。

二、阻断人与鸡之间的病原体传播

阻断人与鸡之间的病原体传播主要是严管人员的出入。场区活动人员必须遵守一、二、三级防控体系管控。

1. 三级防控

三级防控是指进入养殖场管理区、生活区的人员的防疫管控。工作人员进入场区必须经过铺有消毒液的消毒垫对鞋底进行消毒，然后进入消毒室进行 1～3 min 的喷雾消毒处理，进入换鞋间更换三级防疫鞋。入场车辆要经过装有没过车轮轮胎的消毒水的消毒池，全车（包括底盘）再经过喷淋消毒液喷淋 1～3 min，方可进入。

2. 二级防控

二级防控是指经过三级管控管理后，对从生活区或管理区进入生产区的人员管控。员工进入二级防疫区要先洗澡更换二级防疫服（鞋），浴室需配置内外更衣室，以便个人衣物和防疫服（鞋）的隔离。清粪人员需配置专门的浴室、内外更衣间和洗衣机，每天单独清洗清粪专用服（鞋）。另外，转群前一天需要将转群服装清洗、晾干后放入浴室，转群人员在浴室更换转群服装，转群结束后对转群服装进行统一回收清洗。人员流动方面，管理、维修、免疫人员等每天只能进入一个场区，进入下一个场区则需隔离 2 d 以上。

3. 一级防控

一级防控是指对人员进入鸡舍的管控。饲养员进入一级防疫区需更换舍内专用一级防疫服（鞋），下班前将更换后的防疫服（鞋）放入消毒柜高温消毒，每周至少清洗 2 次（各栋鸡舍应单独进行清洗）。鸡群免疫时，免疫人员进入鸡舍要更换消毒后的一级防疫服（鞋），并且一天只允许进入一栋鸡舍进行免疫。维修、电工及管理人员进入则必须更换各栋鸡舍公用的消毒的一级防疫服（鞋）。

三、阻断物品与鸡之间的病原体传播

1. 鸡用物品的管控

（1）鸡笼入舍之前需要经过浸泡消毒才可投入使用。

（2）输精器械每次使用前必须清洗、消毒、烘干，确保1只鸡1个滴头。

（3）免疫器械清洗消毒后需校准剂量。

（4）饮水管线需每周清洗、消毒1次，并定期进行微生物检测。

（5）饲料需确保储料塔密闭，四周无余料及料渣。

（6）料车与蛋车需严格消毒，限制司机活动范围。

（7）药品进入鸡舍前先用消毒液消毒，拆除外包装后，再消毒，进入鸡舍。各种包装需消毒后统一放置于固定位置，利于回收。

2. 人用物品的管控

劳保用品需统一集中熏蒸消毒后带入生产区；手机、钥匙等经消毒后方可带入鸡舍，但只能随身携带，使用时必须到休息室或离开鸡舍。其他物品、食品一律不能带入鸡舍。

3. 设备物资的管控

舍内工具不窜栋使用，维修零件、流动物品等进入栋舍前必须经过熏蒸或喷洒消毒。舍内、舍外的蛋筐需要严格区分，不可混用。

四、阻断空气与鸡之间的病原体传播

1. 通风换气

密闭式鸡舍一般采取负压机械通风。一是要保持入风口周围的空气新鲜；二是要保持适当的通风量，协调好通风和保温之间的关系；三是鸡舍进风口周围保持干净卫生，每天清扫、消毒两次。

2. 空气消毒

一是空栏消毒，彻底清理上一批次鸡群残留的羽屑、尘土、鸡粪等，彻底清理上一批人员的衣物、用品等，然后用消毒液进行消毒。进鸡前一周再用消毒液对鸡舍进行消毒，进鸡前 3 d 进行熏蒸消毒。二是带鸡消毒，每周使用不同的刺激性小的消毒液对舍内环境进行喷洒消毒一次。如果鸡群出现不稳定情况，根据病因，使用不同的消毒液进行带鸡消毒。

五、阻断动物与鸡之间的病原体传播

1. 防止场外动物的进入

一是场区的防护围墙要完整，没有缺口，下水道出口要有防护网保护，防止场外动物的进入；二是场区不能栽种大的树木，避免野鸟栖息。

2. 做好场区内动物管控

养殖场区禁止养殖其他动物，特别是其他禽类、猫等。定期灭鼠、灭蚊蝇等。

3. 做好养殖舍动物的管控

（1）养殖舍的通风通道，要设置防护网，防止鸟进入。

（2）养殖舍门口、排污口要设置挡鼠板，防止老鼠进入。

（3）定期驱蚊蝇。

第十三章 鸡蛋品质管理

一、蛋的收集、分选和消毒

1. 蛋的收集

（1）人工收集

①每天应及时、定时收集鲜鸡蛋。高温、高湿季节，收集鲜鸡蛋应不少于2次。

②应轻拿轻放，防止蛋壳破损。

③应防止蛋车颠簸，不要紧急刹车。

④用于鲜鸡蛋收集的容器、蛋车等应做好清洁、消毒。

（2）机器收集

①养殖场配备全自动集蛋设施或简易式集蛋机器收集鲜鸡蛋时，应做好集蛋设施的清洁卫生，以防发生交叉污染。

②应规范操作机器，减少由机械操作不规范造成的物理伤害。

③应注意机器的日常维护与保养。

2. 蛋的分选

可以采用人工或机器分选，应剔除破损蛋、畸形蛋、砂壳蛋、次劣蛋、异物蛋、污壳蛋等。机器分选时，应及时疏导集蛋线堵塞的鲜鸡蛋，清理不合格的鲜鸡蛋。分选要求应与NY/T 1551—2007《禽蛋清选消毒分级技术规范》一致。

3. 蛋的消毒

鸡蛋的消毒方法主要有次氯酸钠浸泡消毒和甲醛熏蒸消毒。

次氯酸钠浸泡消毒：先用 30℃ 的水清洗鸡蛋表面，再用 150 μg/mL 以上的次氯酸钠溶液浸泡 5 min 消毒，风干后再次进行筛选，将破损的鸡蛋进行淘汰。次氯酸钠消毒法安全有效，不会在鸡蛋表面形成有害残留，但需注意清洗时不可损坏蛋壳外膜，否则会缩短鸡蛋保质期。

甲醛熏蒸消毒法操作方便，杀菌比较彻底，但是甲醛消毒气味大，不能自然排出，甲醛消毒带来的二次污染，也给养殖场带来环保压力，剩余的甲醛直接排入大气，造成对周围环境的直接污染。

二、蛋的贮存

（1）蛋库应具备良好的温湿度控制与通风条件。鲜鸡蛋宜贮藏在 5～25℃ 库房中，湿度应不超过 65%。不同季节，温湿度波动超出宜贮藏温湿度范围时，应 24 h 运行空调或除湿机，以满足鲜鸡蛋适宜的贮藏温度、湿度要求。

（2）蛋库中鲜鸡蛋贮藏时间：夏季应不超过 3 d，冬季应不超过 5 d。

（3）库房应配备防虫、防鼠等设施和设备，禁止动物进入。

三、蛋的出入库

（1）成品应按入库蛋品的名称、规格、日期不同分开码放，整齐放于垫板上，堆码高度在 4 层，做到横平竖直，整齐美观，成品不得倒置。

（2）库管员对生产交付入库的成品蛋进行数量、品种复核，开具《入库单》及时登记入账。

（3）库管员根据营业室开具的客户提货订单安排装卸发货。

（4）库管员根据发货单到营业室换取提货联，开具货物运输单，要求提货方签字确认货物数量。

（5）出库时，应分品种、按日期、先入先出，做好动态标识，如有特殊情况以品管部通知为准。

（6）成品退库须填写红色《入库单》作为退库凭证，应在退库凭证上注明退库原因，品管部负责人员确认并签名或盖章，制造部以此作为生产计件依据。

四、蛋的运输

（1）鲜蛋包装与标识应符合 SB/T 10895—2012《鲜蛋包装与标识》的规定。运输包装上应标明品名、生产日期、厂家或厂址、重量、等级标识、认证标识、贮存条件与方法、内包装类型和注意事项等。标识方式应符合 GB 7718—2011《预包装食品标签通则》的要求。

（2）运输工具应专车专用，不应使用装载过化肥、农药、粪土及其他可能造成二次污染的运输工具。

（3）运输工具使用前应清理干净，必要时进行灭菌消毒。

（4）运输工具的铺垫物、遮盖物等应清洁、无毒、无害。

（5）搬运应轻拿轻放，堆码整齐，产品码放高度应不超过 2.4 m，高度达 2.0 m 时中间应加隔板，防止挤压和剧烈震动。

（6）鲜蛋运输必须配备防雨设施。

（7）根据运输途中的平均气温，采用合理的运输方式，运输方式参照 SB/T 10895—2012《鲜蛋包装与标识》执行。运输温度应满足贮藏温度要求。

第十四章

产品质量追溯管理

一、原料、包装材料、成品标识方法

1. 原料

全自动中央集蛋方式收集原料蛋时，自动集蛋线开关控制收蛋和加工。原料蛋通过中央集蛋线进入自动化包装机，产出成品。通过自动集蛋线控制开关显示的鸡舍区分不同鸡舍的原料蛋，生产操作人员按照进入加工设备的原料蛋的舍号、日期设置加工信息，对产品进行标识。

原料蛋在鸡舍内收集好后，转运至蛋品车间时，工作人员将收集好的原料蛋按照相应规格码好。每垛原料蛋上填写标识卡，标识卡内容包含鸡群、产蛋日期、数量等，由养殖场保管。原料蛋转运至车间后，车间原料蛋保管根据标识卡和原料蛋相关标准验收入库，系统确认。

2. 包装材料

每批包装材料到货后，用标识卡标识包装材料，标识卡上注明包装材料入库批号（即包装材料收货日期）、品名、规格、数量、产地。包装材料原则上单次采购同一个生产日期。包装材料出库由领用人在标识上标识领用日期、数量、结存。

3. 成品

每件成品在纸箱外有如下标识：品名、净重、产品规格、产品标准、保质期和生产日期。每枚鸡蛋喷印简易品牌名称和追溯码。每批成品建立标识卡，注明品名、规格、数量、批号。成品出库时在发货记录单上注明发货地点、时间和数量。

二、生产过程中的管理

1. 原料蛋管理

原料蛋收集时，收完一个鸡群再收另外一个鸡群，不能将两个鸡群的鸡蛋混在一起。操作人员根据不同鸡群的鸡蛋告知喷码和打包人员，相关人员根据鸡群信息更改产品标识信息，将原料蛋信息直接转化成成品信息。

原料蛋收集好以后转运至车间生产的，按鸡群号进行生产。原料蛋使用时填写生产日报表及原料领用单。由车间品管员对原料蛋使用进行安排。针对每个鸡群号分别编制喷印信息。

2. 包装材料及其他辅料管理

每次到厂的包装材料及其他辅料依照到货日期和批次号，码放在指定地点，车间领用时依照批次号，按先进先出原则领用，领取时在标识卡上记账。

3. 生产现场管理

分选、光检、装箱岗位挑选出的次品蛋由所在岗位集中放置，待单栋舍包装完，清点记数后使用纸条标识日期，压在最上层蛋盘鸡蛋下即可转入次品放置区。品管员和保管员监督。当班生产情况应由车间当班人员填写生产日报表。

4. 成品管理

市售产品按品种、规格、批号分区存放，由计量人员做好标识卡。成品发货时依据先进先出的原则发货，并在成品标识卡上标注发货日期、数量、客户。保管员发货时填写发货记录单，记录车辆卫生检查情况、发货品种、数量、批次、市场等信息。

三、不合格品贮存与管理

（1）生产过程中发现的外观不合格的蛋品由生产人员挑选出，并做好标识，当批生产结束后转入次品放置区。

（2）包装材料验收过程中发现的不合格品，直接退回生产厂家。使用过程中发现的不合格品，放置在包装材料仓库"不合格品区"，由供方退换。

（3）不合格成品放置在"不合格品区"，等待评审结果再做处理。

第十五章 蛋鸡养殖场人员管理制度

一、场长职责

（1）负责部门年度计划的制定。根据要求，结合蛋鸡场年度发展目标，制定部门年度生产计划、费用预算、人员配备、人员培训计划。

（2）负责部门各项计划、任务的落实。将年度生产计划、目标、任务分解落实到蛋鸡场，对分解至蛋鸡场的计划、任务实施情况进行跟踪检查。

（3）生产过程的监控。负责对蛋鸡整个饲养过程的监督和检查；制订和实施预防措施，确保部门各项目标的实现。

（4）人员管理。根据生产需要及时调整人员配备，监督和协调下属的工作，对下属工作进行指导和培训；检查下属的工作业绩，提高工作效率。

（5）目标考核。根据部门的年度目标，制订本部门人员绩效考核办法，并组织实施。

（6）业务管理。负责对蛋鸡饲养管理方案的制订、修改、组织、实施、检查、监督；监督鸡场做好卫生、防疫、疫苗接种工作。

（7）日常管理。制订和完善本部门的各项规章制度并组织实施；做好部门考核工作；负责本部门安全生产、环保等日常管理工作的落实和检查。

（8）及时完成上级主管交办的各项工作，及时汇报并处理突发事件。

（9）根据实际情况拟定鸡只的淘汰计划。

（10）分析生产统计数据，总结各批次鸡的生产成绩。

二、饲养员职责

（1）每日定时观察鸡群状况，确保不断水，不断料；密切关注天气变化，及时调整温控、通风设备，确保天气变化不影响室内温度。不定期在熄灯后"听鸡"掌握鸡群的呼吸情况。观察鸡群采食、饮水、粪便、鸡蛋的细微变化。做到及时发现，及时汇报，及时处理。

（2）了解蛋鸡生长的基本知识。

（3）做好生物安全工作，定期开展鸡场室内外消毒工作（室内隔天消毒1次，室外每周2次，特殊情况每天1次）。每天更换鸡舍门口消毒水，外出鸡场必须更换工作服，返回后，应洗澡、更衣、消毒后方可进入鸡舍。

（4）搞好鸡舍及运动场地的卫生工作。

（5）每天及时清理鸡粪，尽量减少空气对鸡的影响。每周至少冲洗水管1次，必要时随时冲洗。

（6）育雏舍在育雏期间，实行封闭式管理，进出封闭区域必须洗澡、消毒。

（7）每天工作应做好记录，记好台账，提出建议。月底工作应有总结。

三、兽医职责

（1）蛋鸡场的兽医应持证上岗，应持有执业兽医资格证书。

（2）根据公司的生产要求，制定蛋鸡场的生物安全体系、卫生防疫措施，检测防疫的效果。

（3）制定合理的蛋鸡免疫程序，并组织员工落实和改进卫生防疫方案，保证蛋鸡生产性能。

（4）跟饲养员沟通，及时掌握蛋鸡的生产情况。

（5）负责清洗消毒工作的检查。

（6）负责鸡场的疾病诊断和用药指导。管理好药房，合理开具处方药。

四、安全员职责

（1）认真贯彻执行国家有关安全生产、消防、环保、职业健康的方针、政策、法规，以搞好安全生产管理工作为首要职责。

（2）组织安全生产活动，宣传安全生产法规，提高全体施工、生产人员的安全生产意识。

（3）在安全生产和文明生产检查中，发现隐患要及时纠正。

（4）重视员工的安全生产教育，定期进行安全学习。

（5）认真接受上级有关部门的检查和指导，认真对待提出的整改意见。

五、外访人员管理

（1）外来人员进入场区要在门卫登记信息。

（2）外来人员要先经过大门口的消毒室进行充分消毒才能进入场内办公区。

（3）外访人员不得进入生产区，如有需求，可在来访室借助监控系统观看生产情况。

第十六章

档案管理

蛋鸡场档案直接反映了鸡场的基础信息，对于蛋鸡场产品的安全至关重要，因此养殖档案的保留很重要。

一、档案管理制度

（1）设置档案专卷专柜，并专人管理。

（2）对生产和防疫各个环节及时、准确、如实记录。

（3）养殖档案管理人员及时收集、汇总、分析，并按类别、时间等归类装订成册。

（4）按照无公害生产标准要求，审核生产记录，对于存在的问题及时向场长汇报，以便及时纠正。

（5）每项档案应至少保留 2 年。

二、蛋鸡场的档案

（1）引进雏鸡所需保留的档案　种禽生产经营许可证、检疫证明、采购合同、接种证明等。

（2）各阶段养殖管理档案　雏鸡的养殖管理档案、育成鸡的养殖管理档案、蛋鸡的养殖管理档案（包括品种、日期、数量、日龄、存栏、用药、死亡、淘汰、耗料率等)。

(3) 饲料的管理档案 饲料的采购档案、饲料的使用档案(饲料添加剂、兽药)。

(4) 兽药管理档案 兽药采购记录(品名、生产企业、批准文号、生产日期、经销企业资质等)、兽药使用记录(处方药要保留兽药处方、兽药名称、生产企业、使用鸡群批次、数量、时间、停药期等)、免疫接种档案记录。

第十七章 信息化管理

一、鉴别兽药真伪

（1）通过产品的外包装标签说明书内容识别兽药 包装说明必须内容清晰，书写规范。标签内容应注明兽用标识、兽药名称、主要成分、适应证（或功能与主治）、用法与用量、含量/包装规格、批准文号（或进口兽药登记许可证的证号）、生产日期、生产批号、有效期、停药期、贮藏、包装数量、生产企业信息、二维码、是否处方药等内容。假兽药的外包装不规范，不注明通用名、适应证范围，没有停药期，生产产地错误等。

（2）通过二维码鉴别兽药 首先登录国家兽药信息网，进入国家兽药产品追溯信息系统，手机下载养殖场使用的国家兽药综合查询 App，通过国家兽药综合查询 App 扫描兽药标签上的二维码查询真伪。如果查询结果与所查询兽药上的信息对应，说明是真兽药，反之，是假兽药。

（3）通过临床使用判断真伪 一方面在使用过程中观察兽药的性状（颜色、颗粒、味道等）与以前使用的有无差别，判断真伪；另一方面通过使用效果对比，来判断真伪。

二、蛋鸡强制免疫信息管理

1. 目的

农业农村部为进一步推动强制免疫补助政策落实，全面落实养殖场（户）防疫主体责任，以电子免疫档案为抓手，实现动物疫病强制免疫管理信息化。

2. 小程序的功能（以"牧运通"为例）

（1）养殖场（户）管理

养殖场（户）注册：由养殖场（户）通过"牧运通"微信小程序自助注册养殖场（户）基本信息，乡镇管理员进行初审，县级管理员进行终审。

养殖场（户）查询：可对养殖场（户）按动物种类、存栏量、出栏量、养殖场类型等进行查询和分类汇总。

养殖场（户）GIS管理：强制免疫管理小程序提供定位自动采集功能，养殖场（户）注册时，在GIS地图上自动标注养殖场（户）位置。

（2）免疫管理

疫苗管理：由养殖场（户）通过微信小程序扫描疫苗追溯二维码上传疫苗入库信息，生成疫苗库存台账。

免疫录入：选择疫苗库存或一次性扫描疫苗追溯二维码登记疫苗使用信息，生成动物疫病免疫档案。

（3）强制免疫补助管理

补助信息录入：由养殖场（户）通过微信小程序自主申报补助信息。

补助审核：补助审核由乡镇管理员进行初审，县级管理员进行终审。地市、省级对补助信息进行查询、统计。

补助查询：各级用户按权限对补助信息进行模糊查询和分类汇总。

（4）数据汇总统计

疫苗使用情况汇总管理：对全国禽流感疫苗使用情况按周、月进行汇总，按照行政区域进行统计，可从全国查询到省、地市、县。

疫苗补助情况汇总管理：对疫苗补助情况进行汇总，按照行政区域进行统计，可从全国查询到省、地市、县。

（5）基础数据管理　省级管理员对本辖区疫苗补贴种类、补贴方式、补贴系数、补贴金额、承诺书样式等基础数据进行管理。

第十八章 绩效管理

根据 2012 年国务院《关于加强食品安全工作的决定》的相关规定，食品安全纳入地方政府年度绩效考核内容，并将考核结果作为地方领导班子和领导干部综合考核评价的重要内容。

实行农产品质量安全绩效管理考核，是切实转变政府职能，深化行政体制改革，创新行政管理方式的内在要求，更是体现政府治理现代化的重要标志。农产品质量安全绩效管理的基本原则：科学合理、公正透明、多方参与、协同推进、奖优罚劣、持续改进。绩效考核方式采用上级组织考核与公众参评相结合，主要是工作目标完成与否、实施中投入成本多少、取得成效大小，以及对经济社会发展、稳定和生活水平改善的贡献程度。农产品质量安全是"产"出来的，也是"管"出来的。因此，农产品质量安全绩效管理考核的内容也主要从两方面来体现。

一、绩效考评细则

绩效主要从质量管控、标准化生产和社会评价三方面来进行评价。

1. 质量管控

（1）政府、部门与主体责任落实。

（2）农产品质量安全检测、监测。

（3）农业投入品监管。

（4）专项整治。

（5）追溯管理。

（6）长效制度建设。

（7）应急处置。

2. 标准化生产

（1）主要农产品生产的规模化程度。

（2）主要农产品"三品一标"的认证比例。

（3）标准化生产程度。

（4）农作物病虫害绿色防控、农药减量与种植、养殖废弃物无害化处理。

3. 社会评价

（1）公众宣传。

（2）投诉举报。

（3）公众满意度。

二、考评档案准备

根据考评办法，将农产品质量安全水平监管资料分档整理，如组织领导、体制机制、队伍建设、政策扶持、农产品生产经营主体责任与行为规范相关制度、农业标准、农产品认证与品牌建设、科普宣传培训、质量安全监管与检测、农业违法行为调查处理、社会共治参与等工作文件及资料或图像、声像资料，所有相关资料应归档整理成册，便于查找。

三、蛋鸡养殖标准化示范场现场考核评分标准

可参考表 12 的示例。

表 12　蛋鸡养殖标准化示范场现场考核评分标准（示例）

考核项目	考核细目	考核具体内容及评分标准	记录	得分
产地环境（10）	选址科学（6分）	有养殖基地位置图、养殖场所布局平面图，得1分；有相关环评手续和土地备案手续、防疫条件合格证，得3分；无噪声、臭气、污水等污染，得2分。		
	场区布局（2分）	布局合理，有功能区示意牌、指示标志牌，生产区内各功能区块之间划分明显，得1分；生产资料存放、生产、贮藏以及环保设施齐全、措施完备，得1分。		
	生态化（2分）	实施生态种养结合，能够实现废弃物循环利用的，或者具有农业废弃物处理设施设备并能正常使用的，或者委托有资质的处理机构、有正式协议、运转正常的，得2分。		
农资管理（10分）	生产资料（2分）	提供布局图，有专门存放仓库或相关设施，得1分；投入品分类摆放，标记清楚，整齐有序的，得1分。发现有违禁投入品以及过期农业投入品的，该项不得分。		
	记录完整（6分）	养殖投入品来源（生产公司）正规，保留采购记录（生产企业、产品名称、数量等）或者发票的，得2分；使用记录内容（使用时间、药品名称、用药量、用途等）全面完整的，得2分；所有记录保存3年以上，得2分，不满3年的不得分。		

（续）

考核项目	考核细目	考核具体内容及评分标准	记录	得分
农资管理（10分）	引种（2分）	从有生产经营许可证的种禽场引种并保留相关记录，得2分。		
标准生产（50分）	符合标准（5分）	相关生产技术施行国际标准、国家标准或行业标准的，得3.5分；施行省级地方标准的，得4分；施行市、县级地方标准的，得4.5分；施行企业标准或团体标准的，得5分。此项不累计，取较高的一项得分。		
	生态化、智能化（9分）	蛋鸡养殖基地：养殖、环控、自动喂料、机械清粪等设施有效运行，得2分；使用先进养殖技术或者主推技术，得3分；建有智慧养殖数据平台并运用自动监控系统实时调控的，得4分。		
	合理用药（9分）	采购的兽药有证有文号，得3分；不超范围、不超剂量使用兽药，严格执行休药期，得3分；在兽药减量等使用方面的技术创新获得省级以上单位认可的，得3分。使用违禁药物、成分和假冒伪劣兽药的，该项不得分。		
	技术人员（6分）	有专职高级专业技术证书的人员每人得2分，有中级证书的每人得1分，有初级证书的每人得0.5分，有高素质农民证书的每人得0.3分，同一人不重复计分，总计不得超过3分；科研成果获得县级以上奖励的，每项得1分，总计不得超过3分。		
	产品认证（8分）	产品通过绿色食品、有机产品或者地理标志产品认证且在有效期内；或评为美丽牧场的养殖场。通过其中一项认证或评定得4分，总分不得超过8分。		
	制定标准（4分）	作为标准第一起草单位的每项得1分，第二起草单位的每项得0.5分，作为其他参与起草单位的每项得0.2分，总分不得超过4分。		

（续）

考核项目	考核细目	考核具体内容及评分标准	记录	得分
标准生产 (50分)	商标注册 (5分)	有注册商标或有经注册的农产品品牌，产品包装明确生产执行标准的，得2分；品牌（商标）注册10年以上的，得2分，获得省级以上名牌农产品称号的再得1分；品牌（商标）注册3年以上、不满10年的得1分，获得省级以上名牌农产品称号的再得1分；品牌（商标）注册不满3年但获得省级以上名牌农产品称号的得1分。		
	可追查 (4分)	有销售记录，做到去向可追查的，得2分；有专门售后服务制度并落实的，得2分。		
产品安全 (20分)	可追溯 (3分)	生产主体纳入省级农产品质量安全追溯平台管理，得3分。		
	抽查合格 (4分)	产品三年内未被抽检，该项不得分。产品抽检均合格，得2分。实施"一证一码"等为主要形式的合格证，得2分。		
	定期检测 (3分)	建有内部检测实验室并开展定期检测，结果记录完整的；或者定期送第三方检测机构检测并保存检测记录的，得3分。		
	质量管控 (5分)	建有农产品质量安全风险管控制度并配有质量管理员，得2分；针对自身产品特点实行"一品一策"或者"一企一策"管理体系，建有农产品质量安全标准化生产记录的，得3分。		
	质量标准 (5分)	质量指标严于国家标准及国际标准的，每项得1分，总分不超过5分。		
生活经济效益 (10分)	辐射带动 (5分)	通过建立合同合作、股份合作等利益联结方式带动乡镇范围同行业生产大户不到50%的，得2分；带动规模50%～80%的，得3分；80%以上的，得5分。或者建立产学研合作基地或科普示范基地，单项得1分，获批市级以上基地得2分，总分不得超过5分。		
	绿色生产 (5分)	相关技术获得县级以上奖励，得1分；获得市级以上奖励或示范试点，得3分；获得省级以上标准化生产奖励或示范试点，得5分。此项不累计，取较高的一项得分。		

（续）

考核项目	考核细目	考核具体内容及评分标准	记录	得分
加分项 （10分）	精细管理 （5分）	实施卓越绩效管理、GAP（良好农业规范）或者 ISO 9001 等质量管理体系且在有效期内的，得 5 分。		
	标准化 示范 （5分）	开展国家级农业标准化试点示范，得 5 分；开展省级农业标准化试点示范，得 4 分；开展市级农业标准化试点示范，得 3 分；开展县（区）级农业标准化试点示范，得 1 分。		
总分				

说明：各项考核内容进行量化打分时视质量差异酌情扣分，单项内容最低分为 0；省级畜牧行政主管部门可结合本地区实际，细化考核评分标准。

主要参考文献

顾小根，陆新浩，张存，等，2011. 常见鸡病与鸽病诊治指南［M］. 杭州：
　　浙江科学技术出版社.

国家环境保护总局，国家质量监督检验检疫总局，2001. GB 18596—2001
　　畜禽养殖业污染物排放标准［S］. 北京：中国农业出版社.

国家市场监督管理总局，国家标准化管理委员会，2020. GB/T 39438—2020
　　包装鸡蛋［S］. 北京：中国农业出版社.

李芙蓉，张玲，孟婷，2013. 标准化蛋鸡场生物安全体系建设的研究与实践
　　［J］. 中国家禽，35（23）：56-57.

李光奇，吴桂琴，杨宁，等，2020. "京粉6号"粉壳蛋鸡配套系的培育
　　［J］. 中国畜牧杂志，56（5）：4.

牛召珊，曾帅，李伟，2018. 规模化蛋鸡场生物安全体系的落实措施［J］.
　　现代农业科技，14：232-233.

荣光，2018. 蛋鸡饲养管理与疾病防治问答［M］. 北京：中国农业科学技
　　术出版社.

佘锐萍，2015. 安全优质蛋鸡生产与蛋品加工［M］. 北京：中国农业出
　　版社.

孙从佼，曹景晟，于爱芝，等，2023. 2022年蛋鸡产业发展情况、未来发
　　展趋势及建议［J］. 中国畜牧杂志，59（03）：269-273.

吴荣富，2014. 鸡场消毒关键技术［M］. 北京：中国农业出版社.

杨柏萱，王日田，2014. 规模化蛋鸡场饲养管理［M］. 郑州：河南科学技
　　术出版社.

余淑华，2023. 冬季规模化鸡场蛋鸡呼吸道疾病发生与防治［J］. 中国畜牧
　　业，02：106-107.

曾振灵，郭晔，2018. 蛋鸡场兽药规范使用手册［M］. 北京：中国农业出
　　版社.

张玲，李小芬，李芙蓉，2021. 蛋鸡标准化养殖主推技术 [M]. 北京：中国农业科学技术出版社.

中华人民共和国农业部，1999. NY/T 388—1999 畜禽场环境质量标准 [S]. 北京：中国农业出版社.

中华人民共和国农业部，2004. NY/T 33—2004 鸡饲养标准 [S]. 北京：中国农业出版社.

中华人民共和国农业部，2006. NY 5032—2006 无公害食品 畜禽饲料和饲料添加剂使用准则 [S]. 北京：中国农业出版社.

中华人民共和国农业部，2008. NY 5027—2008 无公害食品 畜禽饮用水水质 [S]. 北京：中国农业出版社.

中华人民共和国农业部，2021. NY/T 1056—2021 绿色食品 储藏运输准则 [S]. 北京：中国农业出版社.

中华人民共和国商务部，2013. SB/T 10895—2012 鲜蛋包装与标识 [S]. 北京：中国农业出版社.

中华人民共和国卫生部，2011. GB 7718—2011 食品安全国家标准 预包装食品标签通则 [S]. 北京：中国农业出版社.

中华人民共和国质量监督检验检疫总局，中国国家标准化管理委员会，2013. GB 10648—2013 饲料标签 [S]. 北京：中国农业出版社.

中华人民共和国质量监督检验检疫总局，中国国家标准化管理委员会，2017. GB 13078—2017 饲料卫生标准 [S]. 北京：中国农业出版社.

附　录

附录1　蛋鸡养殖禁止使用的 药品及化合物清单

	类别	禁止用途	名　称
蛋鸡的饲料和饮用水中禁止使用的药物品种	β-肾上腺受体激动剂	所有用途	盐酸克伦特罗、沙丁胺醇、硫酸沙丁胺醇、莱克多巴胺、盐酸多巴胺、西巴特罗、硫酸特布他林、苯乙醇胺A、班布特罗、盐酸齐帕特罗、盐酸氯丙那林、马布特罗、西布特罗、溴布特罗、酒石酸阿福特罗、富马酸福莫特罗、盐酸可乐定、盐酸赛庚啶
	性激素	所有用途	己烯雌酚、雌二醇、戊酸雌二醇、苯甲酸雌二醇、氯烯雌醚、炔诺醇、炔诺醚、醋酸氯地孕酮、左炔诺孕酮、炔诺酮、绒毛膜促性腺激素、促卵泡生长激素
	蛋白同化激素	所有用途	碘化酪蛋白、苯丙酸诺龙及苯丙酸诺龙注射剂
	精神药品	所有用途	盐酸氯丙嗪、盐酸异丙嗪、安定（地西泮）、苯巴比妥、苯巴比妥钠、巴比妥、异戊巴比妥钠、利血平、艾司唑仑、甲丙氨酯、咪达唑仑、硝西泮、奥沙西泮、匹莫林、三唑仑、唑吡旦、其他国家管制的精神药品
	抗生素滤渣	所有用途	生产抗生素的工业废渣

（续）

类别		禁止用途	名　称
	β-兴奋剂	所有用途	克伦特罗、沙丁胺醇、西马特罗及其盐、酯及制剂
	性激素	所有用途	己烯雌酚及其盐、酯及制剂
	具有雌激素样物质	所有用途	玉米赤霉醇、去甲雄三烯醇酮、醋酸甲羟孕酮及制剂
	酰胺醇类	所有用途	氯霉素及其盐、酯（包括琥珀氯霉素）及制剂
	硝基呋喃类	所有用途	呋喃唑酮、呋喃它酮、呋喃苯烯酸钠及制剂
	硝基化合物	所有用途	硝基酚钠、硝呋烯腙及制剂
	催眠镇静类	所有用途	安眠酮及制剂
	类固醇激素	所有用途	醋酸美仑孕酮、甲睾酮、群勃龙、玉米赤霉醇
蛋鸡生产中禁用的兽药及其他化合物	其他类	所有用途	氨苯砜及制剂
	杀虫剂类	杀虫剂	林丹（丙体六六六）、毒杀芬（氯化烯）、呋喃丹（克百威）、杀虫脒（克死螨）、双甲脒、酒石酸锑钾、孔雀石绿、五氯酚酸钠、各种汞制剂（氯化亚汞、硝酸亚汞、醋酸汞、吡啶基醋酸汞）
	性激素类	促生长	甲睾酮、丙酸睾酮、苯丙酸诺龙、苯甲酸雌二醇及其盐、酯及制剂
	催眠镇静类	促生长	氯丙嗪、地西泮（安定）及其盐、酯及制剂
	硝基咪唑类	促生长	甲硝唑、地美硝唑及其盐、酯及制剂
	抗菌药	所有用途	头孢哌酮、头孢噻肟、头孢曲松（头孢三嗪）、头孢噻吩、头孢拉啶、头孢唑啉、头孢噻啶、罗红霉素、克拉霉素、阿奇霉素、磷霉素、硫酸奈替米星、克林霉素（氯林可霉素、氯洁霉素）、妥布霉素、胍哌甲基四环素、盐酸甲烯土霉素（美他环素）、两性霉素、利福霉素等及其盐、酯及单、复方制剂，氟罗沙星、司帕沙星、甲替沙星、洛美沙星、培氟沙星、氧氟沙星、诺氟沙星及其盐、酯及单、复方制剂，万古霉素及其盐、酯

（续）

	类别	禁止用途	名　称
蛋鸡生产中废止的饲料添加剂、兽药及其他化合物	抗菌药	添加剂	土霉素预混剂、土霉素钙预混剂、亚甲基水杨酸杆菌肽预混剂、那西肽预混剂、杆菌肽锌预混剂、恩拉霉素预混剂、黄霉素预混剂、维吉尼亚霉素预混剂、硫酸黏杆菌素预混剂
	抗菌药	治疗	洛美沙星、培氟沙星、氧氟沙星、诺氟沙星4种原料药的各种盐、酯及其各种制剂、喹乙醇
	有机砷制剂	促生长	氨苯胂酸、洛克沙胂
	杀虫类	杀虫剂	非泼罗尼

注：引自中华人民共和国农业部公告第 176 号、第 193 号、第 1519 号、第 2292 号、第 2428 号、第 2638 号，中华人民共和国农业农村部公告第 246 号、第 250 号，NY/T 5030—2016《无公害农产品　兽药使用准则》。农业农村部如发布新的禁用兽用抗菌药清单，执行新的禁用清单。

附录 2 蛋鸡常见疾病的预防建议

蛋鸡产蛋期用药，应严格执行休药期规定。蛋鸡常见疾病的预防建议如下：

疾病名称	表现症状	预防
禽流感	病鸡高度沉郁、昏睡、张口喘气、流泪、鸡冠发绀、头颈部肿大、嗉囊存有黏液、发热、咳嗽、采食量大幅下降、产蛋率下降幅度高达 50%～80%	7～10 日龄、100 日龄注射免疫禽流感 H9 亚型疫苗；15 日龄、40～50 日龄和 110 日龄分别颈部皮下注射禽流感疫苗（H5＋H7 亚型）
新城疫	主要特征是发热、严重下痢、呼吸困难、精神紊乱、黏膜和浆膜出血，发病快、死亡率高	首免一般在 7～10 日龄（Ⅳ系苗、LaSota 株滴鼻点眼），10～15 d 后二免（Ⅳ系苗饮水），产蛋前两周用新城疫油乳剂苗皮下注射
传染性法氏囊病	临床表现为精神不振、厌食、间歇性腹泻、震颤和重度虚弱。剖检变化以脱水、骨骼肌出血、肾小管尿酸盐沉积和法氏囊肿大、出血为特征	如果有母源抗体干扰，雏鸡 14 d 首免，28 d 二免；没有母源抗体干扰，雏鸡 3 d 首免，14 d 二免
传染性支气管炎	前期特点是雏鸡咳嗽、流鼻涕、喷嚏、发生啰音、呼吸困难，产蛋鸡产蛋率下降或产畸形蛋。由于本病可引起雏鸡的死亡，使发病的产蛋鸡产蛋率下降 50% 以上，并出现大量的畸形蛋	首免 7～8 日龄用 H120，4 周龄用 H52 加强免疫
减蛋综合征	主要表现为高产蛋鸡群发性产蛋率下降、产畸形蛋、异形蛋、低质蛋	未受本病威胁的场，18～20 周龄免疫；受威胁的鸡场，10～14 周龄免疫

（续）

疾病名称	表现症状	预防
鸡白痢	雏鸡呈急性败血性病变，以肠炎性灰白色下痢为主要特征	在饲料里添加微生态制剂、中药制剂（白茯苓散、三白散、止痢散、蒲公英散等）
鸡大肠杆菌病	主要表现为精神不振、离群呆立、羽毛松乱、两翅下垂、下痢。本病可呈现出肠炎、呼吸道炎、气囊炎、输卵管炎、眼炎、神经炎、关节炎等症状	在饲料里添加微生态制剂、中药制剂（三黄汤、四黄止痢颗粒等）来预防本病的发生
鸡传染性鼻炎	主要引发鸡的鼻窦炎，病鸡表现为流鼻涕、脸肿胀和打喷嚏、产蛋率下降。各种年龄的鸡均可感染发病，老龄鸡最严重	30～40 日龄首免，18～20 周龄二免
鸡败血支原体病	主要引起慢性呼吸道病，病鸡表现为流鼻涕、咳嗽、鼻窦炎、结膜炎、气囊炎。产蛋鸡表现为产蛋率下降，常常与大肠杆菌合并感染	6～20 日龄用鸡毒支原体弱毒苗（F-36 株）滴鼻点眼
鸡滑液囊支原体病	主要引起鸡滑液囊炎，病鸡表现为跛行、鸡冠苍白、关节肿胀，排浅绿色粪便，粪便中含有大量尿酸盐	灭活疫苗免疫
球虫病	临床表现为精神沉郁、羽毛松乱、缩头弓背、翅膀下垂、呆立一角、食欲减少、排水样稀粪或血便	3、10、20 日龄进行球虫活疫苗（三价或四价活疫苗）拌料或饮水免疫
鸡住白细胞原虫病	临床表现为贫血、鸡冠苍白、排黄绿色稀粪	4—10 月，用 0.1％除虫菊酯喷洒，杀灭库蠓；用 6％～7％马拉硫磷溶液喷洒鸡舍纱窗

附录 3　兽用抗菌药入出库
（购入/领用）记录

兽药商品名/通用名称					
含　量			规　格		
批准文号			生产批号		
生产企业			有效期		
日期	入库（购入）数量	出库（领用）数量		库存数量	管理员签名

附录4　推荐可使用的微生态制剂清单和中兽药制剂清单

根据 T/ZNZ 100—2021《蛋鸡抗菌药使用减量化技术规范》，推荐清单如下。

推荐可使用的微生态制剂清单

品类	产品名称
微生态制剂	丁酸梭菌、植物乳杆菌、枯草芽孢杆菌、乳酸菌、双歧杆菌、酵母菌和益生元类物质（多糖和寡糖）等

推荐可使用的中兽药制剂清单

品类	药用范围	兽药产品
中兽药制剂（具体使用应遵循驻场兽医或执业兽医意见）	用于抗菌、抗病毒	板青颗粒、清瘟败毒散、四味穿心莲散、双黄连口服液、杨树花口服液、黄芪多糖、七清败毒散
	用于呼吸道疾病	麻杏石甘口服液、麻杏石甘散
	用于肠道抗炎	锦心口服液、四黄止痢颗粒、白头翁
	用于抗球虫	青蒿常山颗粒
	用于提高产蛋量	激蛋散、蛋鸡宝

附录5 兽用抗菌药使用量的计算方法

应在养殖记录、兽医诊疗记录、处方笺记录、兽药领用记录和用药记录一致的前提下，汇总年度内各兽用抗菌药的使用总量（按制剂规格折合成原料药使用量）。单位兽用抗菌药使用量的计算方法如下：

$$P=M/N$$

式中：

P——单位兽用抗菌药使用量；

M——兽用抗菌药使用总量（g）；

N——总产量（t）。

规模化蛋鸡养殖场

笼养蛋鸡

转群

淘汰鸡

鸡舍内部

立体上下层大型自动化设备

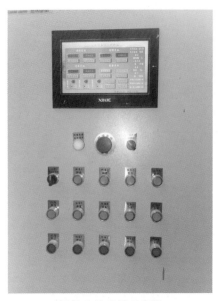

智能化养殖管理终端

智能化养殖管理终端操作界面

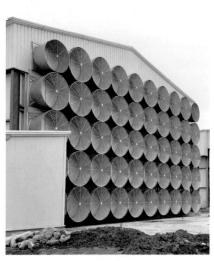

风机外部

风机内部

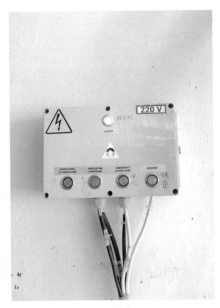

报警设备 　　　　　水线缺水自动报警设备

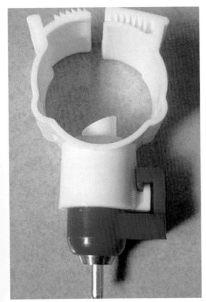

饮水器

全自动饮水系统

湿帘

场区门口消毒设施

消毒机

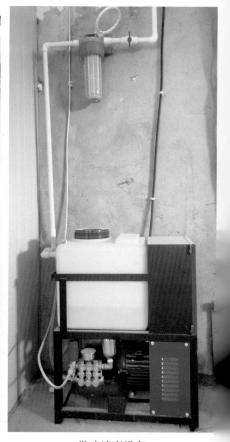

带鸡消毒设备

仓库和诊疗室

饲料库

储料塔

斗式喂料车

蛋品包装材料库

全自动饲喂系统

成品蛋库

包装好的鸡蛋贮存库

鸡蛋运输

带有追溯码的鸡蛋

鸡蛋品质检测

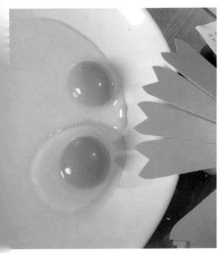

罗氏比色扇测定蛋黄颜色

鸡蛋全自动清洗、消毒、分级、包装设备

鸡蛋清洗、消毒、烘干设备　　　　　　即将上机清洗的鸡蛋

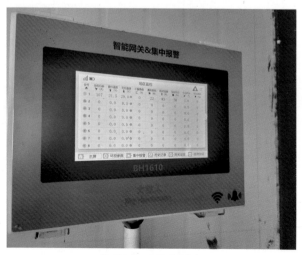

物联网远程控制设备

光检裂纹

裂纹检测

紫外消毒

除尘净化

鸡蛋分级设备

鸡蛋大小头调整设备

裂纹自动检测

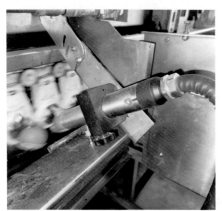

喷码设备

涂膜设备

无害化处理设备

清粪设备

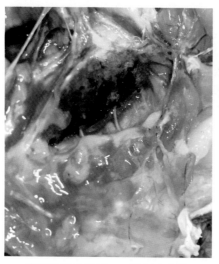
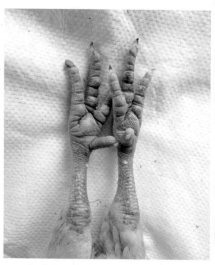

高致病性禽流感——肺淤血水肿　　　　　高致病性禽流感——脚鳞片出血

高致病性禽流感——脚水肿

高致病性禽流感——皮下肌肉出血

鸡传染性喉气管炎——气管渗出物

鸡传染性喉气管炎——张口呼吸

小肠球虫